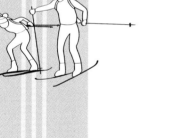

张 维 赵婧贤 贾 园 著

国际冬季两项场馆规划设计

U0195916

中国建筑工业出版社

图书在版编目（CIP）数据

国际冬季两项场馆规划设计 / 张维，赵婧贤，贾园
著 . -- 北京：中国建筑工业出版社，2024.9 . -- ISBN
978-7-112-30099-0

Ⅰ . TU245.4

中国国家版本馆 CIP 数据核字第 2024FW2168 号

责任编辑：何　楠　徐　冉
书籍设计：锋尚设计
责任校对：赵　力

国际冬季两项场馆规划设计

张维　赵婧贤　贾园　著

*

中国建筑工业出版社出版、发行（北京海淀三里河路 9 号）
各地新华书店、建筑书店经销
北京锋尚制版有限公司制版
北京中科印刷有限公司印刷

*

开本：787 毫米×960 毫米　1/16　印张：13¼　字数：193 千字
2024 年 9 月第一版　　2024 年 9 月第一次印刷
定价：**118.00** 元
ISBN 978-7-112-30099-0
　　（43515）

序

在举办北京冬奥会之前，我国对冬奥项目尤其是雪上项目的设计经验极其缺乏，当时没有一条得到国际冬季两项联盟（IBU）国际认证的赛道，没有一个被IBU和国际奥委会认证的冬季两项场馆，业界几乎没有人见识和体验过真正的冬季两项奥运雪上赛道和靶场。在这样的背景下，设计团队以研究为先导，走访世界多国场馆，进行扎实的调研，从冬季两项运动赛制规则和运动科学角度对场地的需求入手，全面解析国际知名冬季两项场馆规划设计；主动和国际专项组织专家多次交流，了解冬奥场馆和专项赛事场馆的优缺点和运营成败。这些大量细致务实的前期准备工作，是一个好的规划设计的开始。

新时代体育建筑的规划设计已经突破了赛事空间和城市建设表征的传统思路，更多地与全民健身、公共交往、体育科学等领域相融合，再定义了"体育建筑"的内涵，构成了体育建筑设计建造的新背景，并对相关设计从业者提出了新挑战。在当代体育建筑设计中，建筑师应更加习惯从全生命周期视野审视设计，采用更具有系统性和创新性的可持续策略，精准寻求体育建筑的再定位，强化设计与其他学科的融合。本书比较鲜明地体现了这种趋势，从"前期策划—规划设计—建设督造—赛后转换—赛后利用—使用后评估"全流程角度讲述，其价值更在于呈现出建筑师这样的一种状态，而不仅仅是规划设计本身。

国家冬季两项中心是2022年北京冬奥会和冬残奥会合计产生金牌最多的奥运场馆。比较特殊的是国家冬季两项中心经历两次转换，一是冬奥会场馆向冬残奥会场馆的转换，二是冬残奥会场馆向赛后利用转换。围绕北京冬奥会雪上场馆如何可持续发展这一关键问题，团队提出国家冬季两项中心设计的可持续发展技术框架并在实践中予以应用，设计达到绿色建筑三星标准，得到国际奥委会高度认可。在北京冬奥会获得冬季两项3枚金牌的挪威著名运动员雷塞兰评价"这里一切都非常棒，尤其是赛场设施，无论赛道、靶场，都让人觉得不可思议"。2023年在经历多轮国际评审后，国家冬季两项中心作为全球唯一的体育竞赛场馆入选国际建筑师协会《2030可持续发展目标指南》。

　　本书论述朴实，观点鲜明，是值得建筑师同行参考学习的读本，也是普通读者了解国际冬季两项体育场馆规划设计知识和场馆建筑创作历程的有益读物。

中国工程院院士、全国工程勘察设计大师
清华大学建筑设计研究院有限公司首席建筑师
2024年8月30日

目　录

3 国际冬季两项场馆规划设计

冬季两项场馆的"前策划—后评估"

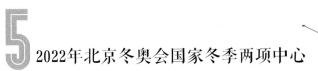

5 2022年北京冬奥会国家冬季两项中心

2022年北京冬残奥会中的国家冬季两项中心转化利用

7 国家冬季两项中心运行状况及调研访谈

冬季两项运动的
由来和发展

1.1 冬季两项运动的由来

冬季两项运动（Biathlon）从远古时代滑雪狩猎演变而来，是越野滑雪和射击相结合的运动，运动员身背专用小口径步枪，脚穿滑雪板，手持滑雪杖，沿标记的滑道，按正确的方向和顺序滑完预定的全程，运动员每滑行一段距离进行一次射击，最先到达终点者获得优胜（图1.1）。

图1.1　冬季两项运动是越野滑雪和射击相结合的运动

4000多年前，在位于现在挪威境内的洞穴划痕中，出现了人类在滑雪板上狩猎动物的清晰图像。随着枪支的出现和滑雪的普及，在斯堪的纳维亚半岛的茂密森林中，单肩扛步枪、通过狩猎寻找肉类来源，以度过漫长冬天的做法变得普遍。

到18世纪初，滑雪步枪手的概念被无缝融入了斯堪的纳维亚半岛和北欧国家的军事活动中。直到20世纪，滑雪公司都被雇来保护边境，并成为滑雪俱乐部的前身。1767年，在瑞典和挪威的边境举办了第一次滑雪和射击比赛，这是冬季两项运动的雏形。1861年，世界上第一个滑雪和射击俱乐部在挪威成立[1]。

该项目于1924年被列为在法国霞慕尼举办的首届冬季奥林匹克运动会（Olympic Winter Games，简称冬奥会）的表演项目。在1960年斯阔谷冬奥会首次设立冬季两项比赛项目后[2]，国际奥林匹克委员会不断增加其在冬奥会的分量。2018年平昌冬奥会中冬季两项共设有11枚金牌，数量超过金牌总数的10%。国际冬季两项联盟（简称国际冬两联盟，International Biathlon Union，简称IBU）举办的世界冬季两项锦标赛（IBU World Championships，简称冬两世锦赛）是世界上观众参与人数最多的冬季运动之一，诸多场馆各有特色[3]。2015年7月北京携手张家口获得了2022年第二十四届冬季奥林匹克运动会的举办权。2016年11月，为促进冰雪运动繁荣健康发展，满足群众多样化体育文化需求，提高体育公共产品和服务供给的质量与效率，国家体育总局、国家发展和改革委员会、教育部、国家旅游局联合发布了《冰雪运动发展规划（2016—2025年）》（体经字〔2016〕645号）[4]。在"三亿人上冰雪"的愿景下，全国冰雪产业和冰雪场地运动设施得到了蓬勃发展。

1.2 冬季两项运动的发展

1924年，在法国霞慕尼举办的第一届冬奥会上，冬季两项就已被列入表演项目。但由于第一次世界大战后的反战情绪，这个项目迟迟未被列入正式比赛项目。1928年、1936年和1948年的冬奥会中，这一项目都作为表演项目存在。

1948年，国际五项和现代两项联合会（International Modern Pentathlon

and Biathlon Union，UIPMB）成立，以规范五项和两项的规则。

1960年，在美国斯阔谷冬奥会上，冬季两项作为冬奥会比赛项目被正式确定下来。

1992年，女子冬季两项在阿尔贝维尔冬季奥运会上首次亮相。

2002年，在盐湖城冬奥会中，引入了男子12.5公里追逐赛和女子10公里追逐赛。

2006年，从都灵冬奥会开始，一项新的男子和女子集体出发赛事应运而生。

2022年，北京冬奥会所有冬季两项项目共计11个项目都在位于张家口赛区的国家冬季两项中心举行。

20世纪50年代末到60年代初，冬季两项运动开始在中国开展。

1980年，全国滑雪比赛中，冬季两项被正式列为比赛项目。

2001年，中国运动员在世界杯总决赛12.5公里追逐赛中获得了第一个冬季两项世界冠军。

北京冬奥会申办成功之后，我国冬季两项运动迎来发展良机。

2019年，有着"冬季两项之王"之称的挪威人比约达伦，成为中国国家冬季两项集训队的主教练。中国运动员成绩稳步提升。在2022年北京冬奥会上，中国运动员在冬季两项运动多个项目上刷新了中国队的最好成绩。在2022年北京冬残奥会上，中国运动员在冬季两项项目上获得四块金牌。

1.3 冬季两项运动的专项组织和赛事组织

国际冬季两项联盟无疑是冬季两项运动中最著名的专项组织。1993年，国际五项和现代两项联合会（UIPMB）冬季两项分支成立了国际冬季两项联盟

（IBU）。1998年，国际冬季两项联盟独立，总部位于奥地利的萨尔茨堡。

国际冬季两项联盟管理着冬奥会、冬青奥会（Winter Youth Olympic Games）、世界冬季两项锦标赛、冬季两项世界杯（IBU World Cup）、世界青少年冬季两项锦标赛（IBU Youth and Junior World Championships）、欧洲冬季两项公开赛（IBU Open European Championships）、欧洲冬季两项杯（IBU Cup）、欧洲青少年冬季两项公开赛（IBU Junior Open European Championships）、欧洲青少年冬季两项杯（IBU Junior Cup）、世界夏季冬季两项锦标赛（IBU Summer Biathlon World Championships）等多项赛事。

自2022年7月开始，经国际残疾人奥林匹克委员会（International Para-lympic Committee，简称IPC）确认后，国际冬季两项联盟开始接管残疾人冬季两项的管理工作。残疾人冬季两项将由国际冬季两项联盟通过联合指导委员会与国际滑雪联合会（International Ski Federation，简称FIS）合作管理。在国际冬季两项联盟的支持下，残疾人冬季两项将被整合到FIS的一般残疾人运动计划中，国际冬季两项联盟将提供冬季两项的技术知识，并帮助进一步发展和改进从低级别赛事到世界杯和世界锦标赛的比赛结构[5]。

同时，国际冬季两项联盟也关注可持续发展。在2022年发布的可持续报告中，衡量了IBU五个可持续发展重点领域（气候、运动、场馆和赛事、人员、交流和意识）中2030年要达到的总共57个目标的进展情况[6]。

IBU科研资助计划（IBU Research Grant Programme，IBU RGP）旨在促进和支持冬季两项的高级研究项目。针对在各种科学领域工作的成熟研究机构和个人，研究成果旨在支持IBU家族的成长和发展。其资助的研究范围包括生理学、生物力学、运动心理学、运动表现分析、高性能途径、运动员的长期发展—运动人体测量学、运动损伤和损伤预防（运动医学）、社会学（如性别平等）及其他技术领域。这一计划旨在促进跨学科的研究交流，共同促进这项运动的综合发展[7]。

本章参考文献：

[1] INTERNATIONAL OLYMPIC COMMITTEE. Origins of biathlon: The long and winding road to an Olympic debut. [EB/OL]. [2023-8-1]. https://olympics.com/en/news/origins-of-biathlon-the-long-and-winding-road-to-an-olympic-debut.

[2] INTERNATIONAL BIATHLON UNION. The International Biathlon Union (IBU) was founded in 1993. Biathlon made its Olympic debut at the 1960 Squaw Valley Winter Games. [EB/OL].[2023-8-1] https://www.olympic.org/international-biathlon-union.

[3] THE BIATHLON FAMILY. About Biathlon. [EB/OL]. [2023-8-1]. https://www.biathlonworld.com/about-biathlon/#.

[4] 国家发展改革委，国家体育总局，教育部，等. 冰雪运动发展规划（2016—2025年）（体经字〔2016〕645号）[EB/OL]，https://www.gov.cn/xinwen/2016-11/25/content_5137611.htm.

[5] INTERNATIONAL BIATHLON UNION. IBU takes over governance of para biathlon. [EB/OL]. [2023-8-1] https://www.olympic.org/international-biathlon-union.

[6] INTERNATIONAL BIATHLON UNION. IBU publishes sustainability report 2022. [EB/OL]. [2023-8-1] https://www.biathlonworld.com/news/ibu-sustainability-report-2022/3aqVfLJVXu0BpOtwBsvTzK.

[7] INTERNATIONAL BIATHLON UNION. IBU research grant programme. [EB/OL]. [2023-8-1] https://www.biathlonworld.com/inside-ibu/development/development-research-grant.

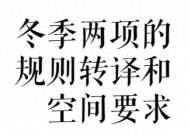

冬季两项的
规则转译和
空间要求

2.1 比赛形式

冬季两项是结合了越野滑雪和射击两个项目的冬季运动项目。它要求运动员身背专用小口径步枪，脚穿滑雪板，手持滑雪杖，沿标记的滑道，按正确的方向和顺序滑完预定全程，每滑行一段距离便进行一次射击，脱靶需要进行罚圈，最先到达终点者即为优胜。冬季两项比赛要求运动员要有过硬的滑雪技术和快速滑行后迅速调整呼吸、平稳心态的能力，还要有高超的射击技术，三者缺一不可（图2.1）。

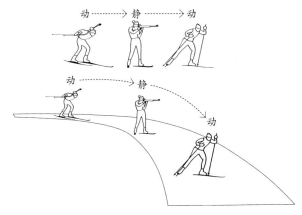

图2.1 冬季两项是动静快速转换的运动

2.1.1 国际冬季两项联盟官方比赛

国际冬季两项联盟对赛事规则做出了详尽的解释，除国际奥林匹克委员会（简称国际奥委会，International Olympic Committee，IOC）另行规定外，所有的比赛项目与规则要求需与国际冬季两项联盟官方文件一致。国际冬季两项联盟比赛按照选手年龄分为成人组（赛季开始时满23岁及以上）、青年组（赛季开始时满20~22岁）和少年组（赛季开始时满16~19岁）。青年组和少年组的选手可以选择更高一级年龄组的赛事参赛，但需要保证个人赛、短距离赛和追逐赛都在同一个年龄组内，且在每个项目的接力赛中只能以一个年龄组身份参赛[①]。

国际冬季两项联盟的官方赛事形式包括以下方面。

（1）成年组比赛

①成年男子组：20公里个人赛、10公里冲刺赛、12.5公里追逐赛、4×7.5公里接力赛、15公里集体出发赛、4.5公里超级冲刺资格赛/7.5公里超级冲刺决赛、在特殊的天气/雪况下进行的15公里短距离个人赛（每射失一发罚时45秒）、60名运动员的15公里集体出发赛。

②成年女子组：15公里个人赛、7.5公里冲刺赛、10公里追逐赛、4×6公里接力赛、12.5公里集体出发赛、4.5公里超级冲刺资格赛/7.5公里超级冲刺决赛、在特殊的天气/雪况下进行的12.5公里短距离个人赛（每射失一发罚时45秒）、60名运动员的12公里集体出发。

③成年男女混合接力：混合接力赛（女子2×6公里+男子2×6公里）、单人混合接力赛（女子6公里+男子7.5公里，仅使用1.5公里环路），或混合接力赛（男子2×7.5公里+女子2×7.5公里）、单人混合接力赛（男子6公里+女子7.5公里，仅使用1.5公里环路）。

（2）青年组比赛

①青年男子组：15公里个人赛、10公里冲刺赛、12.5公里追逐赛、4×7.5公里接力赛、12.5公里集体出发赛、4.5公里超级冲刺资格赛/7.5公里超级冲刺决赛、60名运动员的12公里集体出发赛。

---

① IBU官方文件每年会进行一定变更，本书中有关IBU比赛形式、规则要点和对场地空间要求的信息出自2023年的IBU官方文件。详情可参见INTERNATIONAL BIATHLON UNION. IBU Event and Competition Rules (version 2023). [EB/OL]. https://www.biathlonworld.com/inside-ibu/sports-and-event/event-competition-rules-biathlon.

②青年女子组：12.5公里个人赛、7.5公里冲刺赛、10公里追逐赛、4×6公里接力赛、10公里集体出发赛、4.5公里超级冲刺资格赛/7.5公里超级冲刺决赛、60名运动员的9公里集体出发赛。

③青年混合接力：混合接力赛（女子2×6公里+男子2×6公里）、单人混合接力赛（女子6公里+男子7.5公里，仅使用1.5公里环路），或混合接力赛（男子2×7.5公里+女子2×7.5公里）、单人混合接力赛（男子6公里+女子7.5公里，仅使用1.5公里环路）。

（3）少年组比赛

①少年男子组：12.5公里个人赛（射失45秒罚时）、7.5公里冲刺赛、10公里追逐赛、3×7.5公里接力赛、10公里集体出发赛、4.5公里超级冲刺资格赛/7.5公里超级冲刺决赛、60名运动员的12公里集体出发赛。

②少年女子组：10公里个人赛、6公里冲刺赛、7.5公里追逐赛、3×6公里接力赛、7.5公里集体出发赛、4.5公里超级冲刺资格赛/7.5公里超级冲刺决赛、60名运动员的9公里集体出发赛。

③少年混合接力：混合接力赛（女子2×6公里+男子2×6公里）、单人混合接力赛（女子6公里+男子7.5公里，仅使用1.5公里环路），或混合接力赛（男子2×7.5公里+女子2×7.5公里）、单人混合接力赛（男子6公里+女子7.5公里，仅使用1.5公里环路）。

2.1.2　冬奥会冬季两项比赛

在1924年的首届冬奥会上，冬季两项被列为表演项目，1960年被确定为冬奥会比赛项目，并定名为冬季两项。1988年在第四届因斯布鲁克冬季残疾人奥林匹克运动会上被列为冬季残疾人奥林匹克运动会（简称冬残奥会，Winter Paralympic Games）项目。1992年第16届法国阿尔贝维尔冬奥会增设冬季两项女子比赛项目。在2022年北京冬奥会上，男子和女子比赛项目包括短距离、追逐、个人、集体起跑、接力和混合接力六大类11个小项①，包括男子20公里个人、10公里短距离、12.5公里追逐、15公里集体出发、4×7.5公里接力，女子15公里个人、7.5公里短距离、10公里追逐、12.5公里集体出发、4×6公里接力，女子2×6公里+男子2×7.5公里混合接力。这11个项目全部以时间计成绩排列名次（表2.1及图2.2）。

冬奥会冬季两项比赛项目汇总　　　　　　　　　　　表2.1

小项	线路		出发	圈数（圈）	单圈长度（公里）	单圈爬升高度（米）	射击顺序（每轮5发）	脱靶惩罚
个人项目	男	20公里	间隔30秒	5	4	110~160	卧射—立射—卧射—立射	加时60秒
	女	15公里	间隔30秒	5	3	80~120	卧射—立射—卧射—立射	加时60秒
短距离项目	男	10公里	间隔30秒	3	3.3	90~135	卧射—立射	加罚150米
	女	7.5公里	间隔30秒	3	2.5	70~100	卧射—立射	加罚150米
追逐项目	男	12.5公里	追逐	5	2.5	70~100	卧射—卧射—立射—立射	加罚150米
	女	10公里	追逐	5	2	55~80	卧射—卧射—立射—立射	加罚150米
集体出发项目	男	15公里	集体	5	3	80~120	卧射—卧射—立射—立射	加罚150米
	女	12.5公里	集体	5	2.5	70~100	卧射—卧射—立射—立射	加罚150米
接力项目	男	4×7.5公里	集体	每人3	2.5	70~100	卧射—立射	加罚150米
	女	4×6公里	集体	每人3	2	55~80	卧射—立射	加罚150米
混合接力项目	2×6公里（女子）+2×7.5公里（男子）		集体	每人3	2（女子）、2.5（男子）	55~80（女子）、70~100（男子）	卧射—立射	加罚150米

---

① 每届冬奥会冬季两项项目设项有一定区别，自2014年索契冬奥会开始，混合接力项目首次进入冬奥会赛场，形成了冬季两项六大类11个小项的竞赛形式，本书有关这11个项目的内容引自国际奥委会官方网站https://olympics.com/ioc/international-biathlon-union。

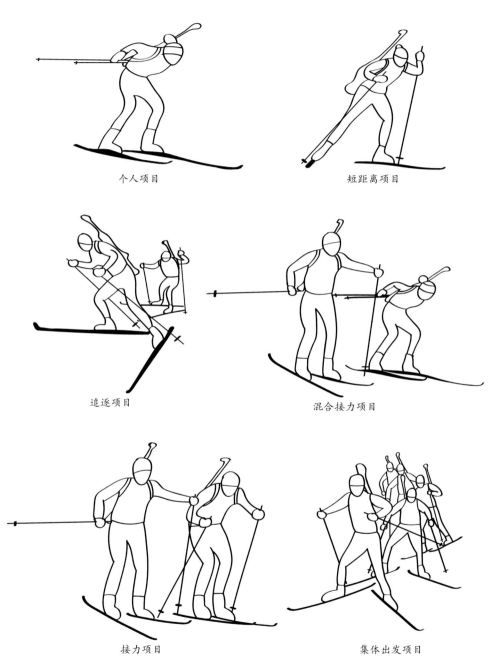

个人项目　　　　　　　　　　短距离项目

追逐项目　　　　　　　　　　混合接力项目

接力项目　　　　　　　　　　集体出发项目

图2.2　冬奥会冬季两项比赛项目示意图

个人项目包括男子20公里和女子15公里。个人项目要求运动员以30秒的时间间隔依次逐个出发，每名运动员都要在指定的地点进行4次射击（每次5发子弹），每次弹夹里有5发子弹，射击的动作顺序是卧射、立射、卧射、立射。如果运动员在射击中脱靶1次，就会在其滑行所用的时间上加1分钟，作为惩罚。

短距离项目包括男子10公里和女子7.5公里。短距离项目运动员的出发顺序和个人比赛出发顺序一样，为间隔30秒依次逐个出发。不同的是，滑行中运动员只进行2次射击，每次弹夹里有5发子弹，射击顺序是卧射、立射。如果在射击中脱靶1次，运动员就需要在长150米的惩罚赛道上加罚1圈。短距离比赛的前60名选手有资格参加追逐赛。

追逐项目包括男子12.5公里和女子10公里。追逐项目运动员根据他们在个人和短距离项目中的表现确定起跑顺序与时间。个人与短距离项目的获胜者最先出发，其余参赛者以与其在短距离比赛中落后首名的时间为时间间隔出发。追逐项目中，每名运动员都要在指定地点进行4次射击，每次弹夹里有5发子弹，射击的动作顺序是卧射、卧射、立射、立射。如果在射击中脱靶1次，运动员就需要在长150米的惩罚赛道上加罚1圈。

集体出发项目于2006年成为冬奥会比赛项目，包括男子15公里和女子12.5公里。集体出发项目共有30个名额，供该届冬奥会期间整体表现最好的30名选手参加，每个代表团在该小项上最多只能派出4名选手参赛。名额分配给在该届冬奥会的个人赛、竞速赛和追逐赛获得至少一枚奖牌的选手，以及上一个赛季世界杯积分排行榜前15位，且已入选该届冬奥会名单的选手；余下名额按照各选手在该届冬奥会个人赛、竞速赛和追逐赛的整体表现分配，直至总人数达到30人为止。在听到出发信号后，所有参赛运动员同时出发。比赛共有4次射击，每次5发子弹，射击的动作顺序是卧射、卧射、立射、立射，如果脱靶1次，运动员就需要在长150米的惩罚赛道上加罚1圈。

接力项目是团体项目，每队需要派出4名选手，男子比赛中，每名运动员滑行7.5公里，共计30公里赛程。女子比赛中，每名运动员滑行6公里，共计24公里赛程。比赛采取集体出发形式，每支队伍的第一名选手同时出发，比赛过程中，每名运动员射击2次，每次5发子弹，射击顺序为卧射、立射，若运动员5发子弹没有全中，可以使用提前准备的3发备用弹，如果仍未全中，则需要在150米长的惩罚赛道上加罚，每1发不中加罚1圈。

混合接力项目是团体项目，于2014年索契冬奥会上成为比赛项目。每队由4名选手组成，其中男、女选手各2名。每名女子选手滑行6公里，每名男子选手滑行7.5公里。比赛采取集体出发形式，每支队伍的第一名选手同时出发，每名选手射击2次，每次5发子弹。队伍中运动员的出发顺序是先女运动员后男运动员，射击顺序为卧射、立射，若运动员5发子弹没有全中，可以使用提前准备的3发备用弹，如果仍未全中，则需要在150米长的惩罚赛道上加罚，每1发不中加罚1圈。

2.2 规则要点

冬季两项运动在出发、滑雪、射击、得分、完赛环节均有详细的规则说明。

2.2.1 出发规则

冬季两项项目有间歇起跑、追逐起跑和集体起跑三种形式。

个人项目与短距离项目采用间隔起跑，即参赛者以30秒的时间间隔依次逐个出发，获胜者是净时间最短的冬季两项运动员。

在追逐项目中，冬季两项运动员根据他们在个人和短距离项目中的表现确定起跑顺序与时间。短距离项目的获胜者最先出发，其余参赛者以与其在短距离比赛中落后首名的时间为时间间隔出发。例如，短距离项目中的第2名完成者以8秒之差输给首名获胜者，那么其将在获胜者出发8秒后开始追逐。追逐的获胜者是首先越过终点线的选手。当采用第一场比赛的结果来确定追逐项目（第二场）的起跑顺序时，官员会从滑雪者的时间中删除小数点后0.1秒。例如，如果第一场比赛的结果是：第一名用时25′12.9″，第二名用时25′14.2″，第三名用时25′21.7″，那么追逐赛的起跑中，小数点后的时间被删除。所以第一名先滑，第二名在其出发2秒后开始，第三名在第二名出发7秒后开始（第一名出发9秒后）。如果几位选手第一场比赛的完赛时间在同一秒内，那么他们将同时开始追逐赛。因此，起点设计需要能够同时容纳多名滑雪者。

集体出发项目（男子15公里、女子12.5公里和三个接力项目）中，所有参赛者在起跑线上并排同时出发。在个人比赛中，首先冲过终点线的运动员是获胜者。在接力赛中，每个团队的第一名选手同时出发，后面的队员以在接力交接区被前一名队员用手接触为出发信号，获胜者是第四名成员首先冲过终点线的团队。

天气条件也会影响冬季两项起跑规则。如果赛场最冷地段（射击场或线路）高于地面1.5米处的气温低于−20摄氏度时，不能进行冬季两项比赛。如果温度低于−15摄氏度，在比赛开始前和比赛期间必须考虑到风力。如有大风因素存在，竞赛仲裁委员会应和IBU医疗委员会成员或赛场医生进行研究，决定是否开始或继续比赛，也可为避开大风区域而改变比赛线路。

2.2.2 滑雪规则

参赛选手必须在滑雪板上、带着枪和规定数量的子弹，准确地沿标记过的线路、按正确方向和顺序滑完规定的全部赛程。除使用滑雪板、雪杖和自身肌肉力量外不得使用其他推进力（图2.3）。所有滑雪技术都允许使用，但几乎所有冬季两项运动员都使用自由式技术，因为它明显更快。参赛者在比赛期间须携带由赛事计时公司提供的电子应答器，按指示连接在一侧或双侧脚踝上。应答器在比

图2.3 冬季两项运动员立姿滑雪

赛结束后到正式拆除地点后方可拆除。应答器的设计不能干扰参赛者在比赛中的动作。每个应答器的最大质量为25克。

比赛中，选手的步枪必须背在背上，枪管朝上。如果步枪在比赛中损坏严重，无法继续背在背上，则必须将其手提到射击场，然后更换备用步枪。

当选手试图超越前方选手时，必须让前方选手明白其超越意图，此时前面的滑雪者必须移动到赛道一侧而不能阻挡后方选手。即使赛道宽度足以让后方选手超越，被超越的滑雪者也必须做出移动。但是此项义务不适用于离终点线前的最后100米和离交接区前的最后100米滑段（图2.4）。

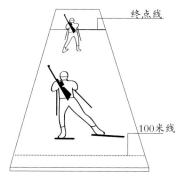

图2.4 最后100米的特殊超越规则

比赛中的射击惩罚是绕一个150米的惩罚圈滑行。参赛选手在一个射击回合后，应立即为每次脱靶滑1圈。

2.2.3 射击规则

所有训练和比赛中的射击必须在射击场进行。在比赛中，除了最后一轮和接力交接时，参赛者在完成每轮滑雪之后都要进行射击。个人和短距离项目中，参赛选手可任意选择射击道。在追逐、集体出发的短距离比赛中，参赛选手必须从低号开始，按顺序进到1～27射击道（如有更多的靶子，号码可更多）。在接力赛中，射击道由出发号码决定。

射击线和目标之间的距离为50米（164英尺）。每当选手进入射击场时，都有5发子弹面对5个不同的目标进行射击，接力项目除外。接力项目使用"5+3"的射击规则，即选手必须先发射5发子弹，如果有靶子没有被击中，可启用备用弹，备用弹共3发，直至射中所有的5个靶子或射完8发子弹。备用弹要一发一发分别装入枪内，不能从弹匣中直接装弹。例如，在5发子弹4发射中的情况下，第一颗备用弹射中，任务完成，不用再射击；如果没中，可启用第二发备用弹，第二发射中，任务完成；以此类推。如果8发子弹射完后，仍有靶子没有射中，运动员就要在惩罚赛道上加罚1圈。

射击采用立射和卧射两种姿势，具体顺序和次数因项目不同而不同（详见2.1节比赛形式）。但无论是立射或卧射，选手在射击时都不允许脱下滑雪板（图2.5）。

在卧势射击时，参赛选手的步枪只能与参赛选手的双手、肩和脸颊接触。支撑步枪的手腕低的一侧须清楚地高于地面（雪面）。站立射击时，参赛选手必须没有支撑地站立，只有手、肩、脸颊和肩以下的胸部可以与步枪接触。支撑枪的手臂可以顶在胸前或放在髋髂部（图2.5）。

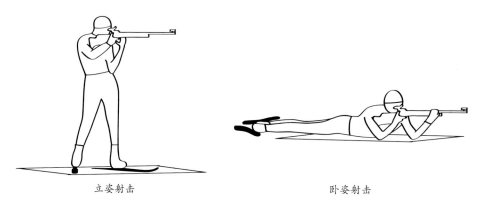

立姿射击　　　　　　　　　　　　卧姿射击

图2.5　冬季两项运动员立姿射击和卧姿射击

2.2.4　得分规则

靶位由白色金属面板制成，水平排布有五个孔。金属面板后面是黑色撞击板，当被子弹击中时，黑色撞击板会向后落下或发出电子脉冲，同时在孔前面升起一个白色的片状物，孔的颜色从黑色变为白色。掉落的黑点数量即为选手的得分，掉落的板可以通过电子脉冲复位。

参赛者使用配备射击吊索的小口径步枪。枪管的直径必须为5.6毫米（0.22英寸）。步枪的弹匣只能容纳5发子弹。步枪的重量不得小于3.5千克，扳机重量不得少于0.5千克，每支步枪都配备了后准星和准星，以帮助参赛者击中目标。步枪不得上膛，参赛者必须在射击场装填枪支，并且必须在参赛者滑雪时将枪管向上放在安全带中携带（图2.3、图2.6）。

5.6毫米运动步枪　　　　　　　　越野滑雪板（自由式）
　　　　　　　　　　　　　　　　前端起翘、中部凸起、末端水平

图2.6　雪橇和枪支尺寸

2.2.5　完赛规则

采用电子记时时，当终点线上的电子感应器射出的光束被到来的参赛选手切断，表示参赛选手到达了终点。采用人工记时时，参赛选手到达终点指的是参赛选手的单脚或双脚跨过终点线。比赛时间是指比赛过程中实际所用的时间。参赛选手或参赛队在比赛成绩中所排列的名次以比赛所用时间为依据。

在个人项目中，参赛选手的比赛时间是指从起点至终点的实际所用时间加上射击处罚时间（如有）；在集体出发项目中，参赛选手或参赛队的比赛时间是指从起点至终点的实际时间。在追逐和集体出发赛中，第一位通过终点线的选手，在参照处罚情况后，将被宣布是否为优胜者。这也适用于随后到达终点线的其他选手的名次排列。

在接力比赛中，参赛队中一名队员的比赛时间是指从起点或交接区至交接区或终点实际所用的时间。参赛队比赛的全部时间是指从第一个队员起滑到最后一名队员到达终点实际所用的时间。滑过来的队员穿过记时线进入交接区的时刻就是接力队员出发的时刻。接力赛的名次依照参赛队最后一名队员到达终点的顺序而定，但需要考虑竞赛仲裁委员会施加的时间处罚或时间调整。

在个人、短距离赛中，当有两个或两个以上参赛选手，或在团体赛中多个参赛队所用比赛时间相同，他们的比赛名次相同。在追逐、集体出发和接力赛中没有相同的名次。

任何选手或接力队在比赛中被套圈，必须立即退出，并将在成绩中记录为"未完成"（DNF）。

在冬奥会、世界锦标赛、世界青年锦标赛和世界杯赛中的追逐、集体出发和接力赛中，须在能看到整条终点线的位置上安装一套终点摄影器材，该摄影机须与终点线在一条直线上。如果需要用摄影记录的方式确定到达终点的顺序，记录中的顺序就决定了名次。名次将依据摄影记录中参赛选手第一只过线的脚而决定。

2.3 对场地和空间的要求

冬季两项的比赛与训练主要在场地和雪道区进行。冬季两项的比赛场地必须符合一定的技术要求，并尽可能地方便观众观看比赛和电视转播。举办冬奥会赛事的设施须持有相应的国际冬季两项联盟场地证书。

2.3.1 场地总体要求

场地区有起终点区、靶场、惩罚圈、接力赛交接区、试滑区、参赛队的打蜡房、观众区、必要的办公空间和停车场。其中，起终点区、靶场、惩罚圈和接力赛交接区应位于同一地面标高，并紧凑地聚集在一起，便于观众欣赏比赛。这些区域以及赛道的关键节点必须进行围护和划分，防止运动员被干扰或滑错路线，防止非相关人员进入。但是，围护结构要尽量矮小，不能妨碍电视转播。必须有足够的空间供运动员、团队其他人员、媒体人员、赛事活动使用（图2.7）。

1. 场地最大距离和高度差

除非国际冬季两项联盟执行委员会另行批准，否则比赛场地与运动员村的最大距离应控制在30公里或者路程时间控制在30分钟以内；比赛场地与运动员村海拔高差控制在300米以内。

2. 竞赛办公室

竞赛办公室应设置在体育场附近，赛时始终开放。办公室是用于参赛队伍与赛事组委会交流的场所，参赛队伍在这里办理入场手续、获取比赛信息等，办公室内必须有组委会工作人员长期值守，并且要为每支参赛队伍提供专门的邮箱。

3. 电子信息屏幕

场馆内必须设有一个至少6行的电子信息板，设置在许可的位置上。

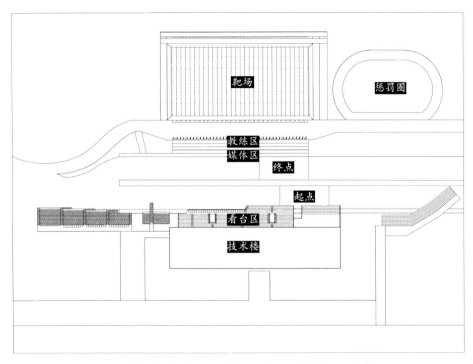

图2.7　基于赛制的空间原型（靶场、惩罚圈、起终点区、赛道）

4．人工照明

在特殊情况下，冬季两项比赛可以在人工照明的情况下举行。人工照明必须符合以下标准：①靶位的照明至少达到1000勒克斯，没有任何阴影，光线分布均匀，且所有选手的照明条件一致；②赛道和射击道照度达到300勒克斯，没有阴影区域，在终点线附近照度达到600～800勒克斯；③如果涉及现场转播，灯光条件必须满足其要求，终点线附近的照度需要达到900～1200勒克斯、靶位光线分布均匀，没有阴影、暗区出现。

2.3.2　准备和起跑区

起跑区的雪面需要保持平整光滑，并且应该对观众可见。每个项目的起跑区布局会进行调整，但总体起跑线需要与滑雪方向呈直角，用一条嵌入雪中的红线作为标记或使用电子起跑门。起跑区必须被很好地围护起来，避免干扰，同时能够保证选手、团队人员和赛事人员通过。起跑区应与热身区毗邻，有足够的运动员储物空间和可以存放至少140支步枪（或者由赛事总监或技术代表来决定）的步枪架空间。

1. 个人项目、短距离项目起跑区

个人项目、短距离项目资格赛起跑区长约8~10米，宽至少2米，用围栏把起点区与热身区分开，围栏有一个通道，便于控制出入该区（图2.8）。

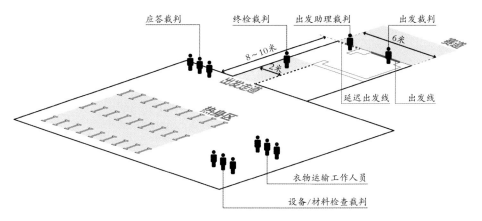

图2.8 个人项目、短距离项目起跑区域

2. 追逐赛起跑区

追逐赛起跑区至少需要设置4条赛道，一般由同一时间起跑的选手数量决定。例如，在同一秒内有5名选手起跑，那么就需要有5条赛道，以此类推。起跑位按选手从右到左编号，每条赛道宽1.5~2米，长度要能保证容纳所有选手。出发线在赛道的末端。每条赛道要相互平行且能被清楚地分开。要有另外一个独立赛道，便于后续出发的运动员提前准备方便到达起点，这条赛道需要有一

名出发裁判监督。在冬奥会冬季两项比赛中，出发线后1.5米处需要安装计时芯片应答器和摄像头，以捕捉每名参赛者的起跑时间，避免抢跑。与之配套的标牌需要放置在出发线前、选手左手边，标牌上用大号字体显示每条赛道的选手号码和起跑时间，以便选手和技术官员观察到起跑数据（图2.9）。

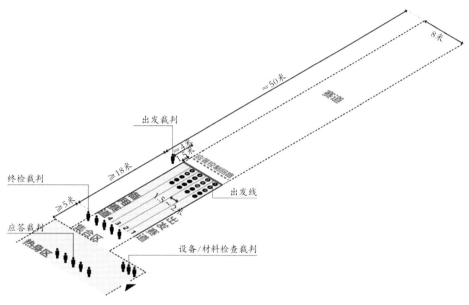

图2.9 追逐赛起跑区域

3. 接力、混合接力、集体出发项目的起跑区

接力、混合接力、集体出发项目起跑区必须布置有3条3米宽的平整赛道，保证每名参赛者之间有3米间隔。起跑位置需要用尼龙线或标记物标记。记分员数量需要与比赛中发令员数量相同。号码牌的尺寸为20厘米×20厘米。号码牌须放置在每条雪道的左侧，牌的正、反面均能显示号码。牌上的号码至少要20厘米高，并能清楚地被参赛选手看到和被电视摄像捕捉到。起跑位从选手右侧向左侧编号（图2.10）。

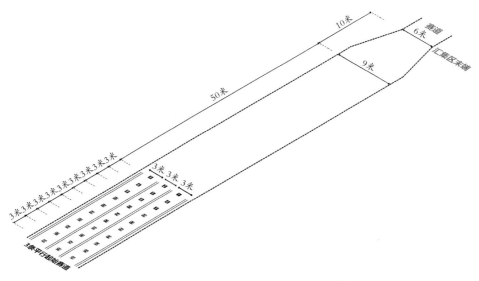

图2.10　接力、混合接力、集体出发项目起跑区域

4. 信息板

起跑区入口处需要设置一块显示比赛路线图的告示板。

5. 起跑时钟

在个人项目、短距离项目资格赛的起跑区必须放置一个起跑时钟，以便选手在起跑线上轻松读取时间。时钟的显示信息和起跑枪信号必须同步。在追逐赛中，起跑点的左、右两侧都需要有起跑时钟。此外，起跑区内或起跑区附近还需要有一个时钟。

6. 起点器材检查

起点器材检查区需要紧靠出发区设置。它的位置和设计应能使参赛选手顺利、有序和及时地通过与到达起点。检查站应备有桌子、必备的设施器材和表格，以便各种检查。

2.3.3 赛道及相关地段

赛道是用于比赛的滑雪道，冬季两项的赛道包括连续不断变化的平地、上坡和下坡路段；不允许有特别长而艰难的上坡、危险下坡、单调的平缓地带；不能频繁地改变雪道路线的方向，以免影响参赛选手的滑雪节奏。赛道上还会有电视转播设备，由赛事技术人员设立，以确保媒体对比赛进行尽可能好的报道，还要防止非比赛人员阻碍电视转播。

1. 赛道的海拔、宽度、坡度和长度

赛道线路任何部分的海拔高度都不能超过1800米。在必要情况下，由IBU执行委员会、技术委员会或技术代表特别授权才可有例外。对于所有IBU赛事，赛道必须为参赛者提供至少6米宽的平整雪面。在陡峭的地段，赛道必须更宽，最宽可达8米。对于不可避免的桥或山口等狭窄地段，其长度不能超过50米，宽度不小于4米。赛道的实际长度与比赛要求长度相比，下浮不超过2%，上浮不超过5%，以赛道中心线为测量基线，最大坡度不能超过25%。

2. 雪槽设置

如果需要，下坡地段雪槽的设置由技术代表指导。不可在可能危及或阻碍参赛选手的地方设置雪槽。

3. 安全性

赛道必须保证选手安全，避免出现意外。为了保证比赛的安全性，评委可以改变集体起跑、追逐或接力比赛项目的第一圈线路，即使这可能导致赛道路线不符合距离或抬升要求。

4. 修整

赛道要尽可能平坦，铺设须平滑、坚实。下坡转弯处按需要向内倾斜，并清除雪道上所有诸如树桩、树枝、石头等障碍物。悬空或探出的树枝必须修剪，以免阻碍或危及参赛选手。

5. 标记与颜色

赛道要有清晰的边界和标识，帮助选手明确应该走哪条路线，尤其是下坡路段、交汇路段和其他临界节点处，不能通行的路段必须用连续的V形板或栅栏封闭。1.0公里赛道标识为紫色，1.5公里赛道标识为橙色，2公里赛道标识为红色，2.5公里赛道标识为绿色，3公里赛道标识为黄色，3.3公里赛道标识为蓝色，4公里赛道标识为棕色。

6. 栅栏和V形板

比赛中，所有用不到的赛道必须封闭。相互邻近的赛道必须用栅栏或V形板分隔开，以免参赛选手误入。V形板可见性要强，其高约20厘米，长约1米，由高密度合金制成，避免被风吹倒。

7. 接力赛交接区

接力赛中，在平直路段末端要设置有明显标志的交接区，长30米、宽9米，以便参赛选手在接力时能以可控制速度到达。交接区前50米的雪道至少要有9米宽。交接区须从计时线或至少靠近计时线开始。交接区的起、终点应用1米长的红线在雪地上标出，并在起、终点设置标有"交接开始""交接结束"字样的告示。该区须在侧边加设栅栏或V形板，并留有一入口，用于管理出发选手的入场。

交接区前面最后50米要平直，只有进行交接的参赛选手和负责管理交接区的工作人员才可以进入交接区（图2.11）。

8. 惩罚圈

在短距离、追逐、集体出发、接力和团体赛中，惩罚圈紧挨在靶场之后的区域（从靶场右侧边缘到惩罚圈入口的滑雪距离不得超过60米）。惩罚圈应是一个椭圆形雪道，其宽度为6米，长为150±5米，按内圈周长测量。惩罚圈必须设在平地上，惩罚圈的开口处须达到至少15米长，赛道与惩罚圈之间不能有额外距离。参赛选手可直接由线路进入惩罚圈（图2.12）。

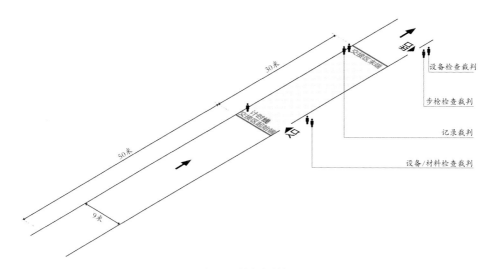

图2.11　接力赛交接区

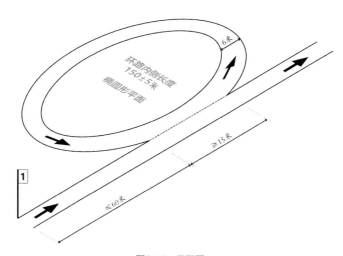

图2.12　惩罚圈

9．热身赛道

热身赛道是一个独立的赛道，在起点附近（约300米远），与团队打蜡房能够便捷地联系，赛道最短400米，和比赛赛道分开。

2.3.4 靶场

靶场是冬季两项比赛进行射击的场所。它必须设在场地区的中心位置，靶子和靶位应能被大多数观众看到。靶场须平坦，由绝对安全的屏障围住两侧和靶后。在确定靶场的位置和形状时，应严格考虑到雪道、场地区和周围地区的安全。射击方向通常向北，以便提高比赛中的光线条件。如果可能的话，应尽量避免使用妨碍现场观众或电视观众观看比赛的安全挡板。靶场必须符合当地的所有法律规定（图2.13）。

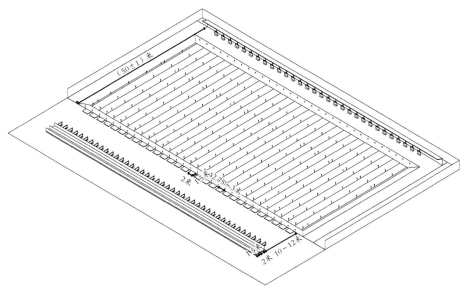

图2.13　靶场的布置

1. 靶场规格与设施

靶位的前沿到射击靶的距离应为50±1米。靶场面向射击方向，右半部为卧射区，左半部为立射区。左、右半部须用标志牌清楚地划分，以便使参赛选手一目了然（但在追逐赛、集体出发赛和接力赛中，选手在靶位上卧姿、立姿射击则不分左、右射击区）。无论何时，选手必须由左侧入场，右侧退场。靶位的表面与放置靶子的表面应尽可能地在同一水平线上。靶位同安置靶子的表面应高出地面至少30厘米，根据当地积雪情况，可能还会更高一些。

靶场的后部要设置一个围栏区供运动员、组委会成员和裁判使用，宽度10~12米，从射击线到靶场下端，在技术官员允许下，其他人如电视转播人员也可以进入；在这片区域的后面是另一个留给其他工作人员使用的围栏区（教练区），至少2米宽，比射击位高30厘米，必须有好的视线看到靶位和射击位；在教练区的后面是1.5米宽的媒体区。靶场左、右各有10米宽清空的出入通道。

2. 靶位设置

靶位设在靶场后部，是选手卧姿或立姿射击的地方。靶位应被雪覆盖，保证地面平整、坚实、没有水，且必须是水平的（图2.14）。

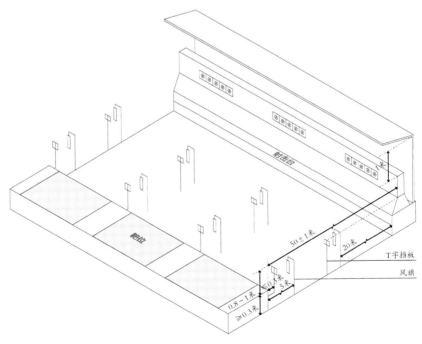

图2.14 靶位的设置

3. 射击道

靶场被分成若干条射击道，射击道是每次参赛选手射击的地方。每条射击道的宽度需要在2.75~3米。射击道的宽度须在射击场的两端用红色号码牌标识。在每条射击道的两边，必须在靶位与靶子之间插上旗帜或标杆或其他类似标志物，既能清楚地分辨出射击道，且又不影响射击。射击道左、右外沿到与它们相邻的保护屏障的距离为3~5米。靶位到靶子之间须始终保持这个宽度。在所有的IBU比赛中，靶场必须有30个相同类型/型号的射击道和靶子。射击位置与相应的靶子号码应一致且易辨别，从右边起为1号。

4. 射击垫

卧姿和立姿射击时，每条射击道前靠近靶位处都须放置一个垫子。垫子尺寸为200厘米×150厘米，厚度为1~2厘米，由人工或自然织物做成，表面须粗糙且防滑。射击垫必须在距离射击线50厘米处划出一条5厘米宽的线，以帮助选手采用正确的射击姿势。

5. 靶子

所有靶子要保证在一条水平直线上，同靶位的前沿平行。它们必须在各方向上保持水平。靶子的中心瞄准点须处于射击道的中心位置上。靶子的侧向偏离射击路线的直角平面不得超过1°。目标中心必须比射击场的表面高出80~100厘米。

从靶底部至高出靶上端至少50厘米处的背景应为白色，包括这一地区的所有建筑物。

2.3.5 终点区

终点区是从终点线到终点设备点的区域，须至少长30米、宽9米，不能有任何障碍，在终点线之前的50~75米赛道应该是直的，宽9米，平均分为3条冲刺通道。

　　结束设备和材料检查设备应放在运动员结束离场的流线上，便于通过和检查。毗邻结束区和设备区是媒体混合区，便于采访运动员和拍照。在结束区旁边须布置休息室（提供饮料、纸巾等）和更衣室（2米×3米）。

　　在混合区之后布置结束出口区，用于运动员和团队其他人员汇合，取回运动员衣物、枪械等。这里要至少能容纳70支步枪的步枪架（图2.15）。

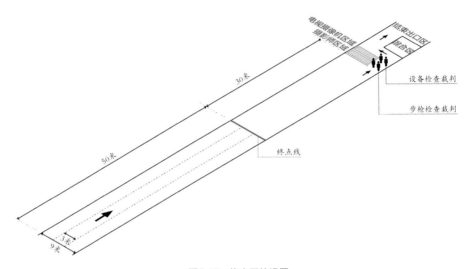

图2.15　终点区的设置

2.3.6　参赛队打蜡房和停车区

　　在接近场馆的区域，须以永久建筑或者质量极好的临时建筑作为运动队存放装备、材料和雪板打蜡的场所，打蜡房里须设置灯、电源、通风口、采暖设备。每个国家的运动员应配备一个至少12平方米的打蜡房，8人以上的队伍应有2个或者1个大的打蜡房，打蜡房需能够由每个队伍自行管理。

　　在距打蜡房合理距离内设置停车场。

2.3.7　运动员更衣室

每支超过3人的参赛队伍应配备一个更衣室，如果队伍少于3人，可以与其他国家的队员合用一个更衣室。运动员更衣室毗邻打蜡房，可以是体育场的一部分或者是有采暖的临时建筑。

2.4　对冬季两项竞技表现的研究

自诞生之日起，冬季两项运动就因其项目的复杂性、竞争的激烈性和独特的比赛形式吸引着众多学者的关注。20世纪90年代，美国、俄罗斯、英国等国家学者就对冬季两项运动员关键竞技特征展开了探讨，之后随着穿戴设备广泛应用于运动训练领域，量化数据的获取难度大大降低，相关领域研究呈现出科学化、数据化、可视化倾向，极大地促进了冬季两项竞技体育科学化训练水平的提高[1]。

2.4.1　冬季两项体育科学研究现状概述

针对冬季两项运动的科学知识图谱研究发现，自1987年以来，每逢冬奥会举办年份，与冬季两项项目相关的研究明显增多，总体研究成果呈波浪式递增发展趋势。在研究成果数量上，美国、挪威、法国、奥地利、瑞典等传统冬季运动强国成果丰富，但伴随着冬季竞技体育的快速发展和冰雪项目世界大赛的增多，其他各国对冰雪运动的研究也日益增多。其中，瑞典、美国、挪威、加拿大的研究中心性更高，意味着这些研究具有更关键和更高被引结论，这与其注重训练数据的采集、分析和实时反馈，将科研与实践紧密结合有关[2][3]。亚洲国家或地区在该领域的研究还较为欠缺，国际影响力较低。

从研究领域上，冬季两项体育科学研究已经形成了以体育学为主，以运动生理学和运动心理学为支撑，以人体工程学、运动生物力学、医学和计算科学为辅助的复合型学科群，最新的研究中还出现了以生理心理学为基础理论和技术手段对冬季两项运动员进行训练监控的文献，这些学科共同促进了冬季两项体育科学研究的纵深和快速发展。

从研究内容上，研究热点集中于竞技表现、身体素质、疲劳和恢复、损伤、运动员生理心理协同效应等。早期对冬季两项的研究主要针对运动员在滑雪环节的体能和竞技表现，如心肺能力和无氧阈值的关系[4]、运动员上肢与下肢无氧功率的对比[5]等，但受制于实验条件和测试水平的制约，多数研究是以跑步机表现为依据的宏观研究和对某些生理及心理现象的解释。2000年前后，随着运动训练监控手段日益更新，基于数据的研究帮助冬季两项运动研究向细节深入，有关运动伤病、基础体能训练、疲劳克服、男女运动员差异的研究逐渐增多[6]-[8]，训练压力、射击压力等心理方面的研究也逐步被应用于实践中[9][10]。运动员的射击表现也受到更多关注，相关研究不仅涉及滑行射击衔接、射击过程、射击表现、精力回收等竞赛环节[11]-[13]，还涉及射击姿势、疲劳、稳定性、瞄准等问题[14][15]。目前冬季两项运动涉及6类小项，尽管不同的小项比赛时间从20分钟到50分钟不等，但优秀的冬季两项运动员在不同类型比赛中的射程和射击时间是相似的，说明比赛形式对最终成绩的影响不大。相比之下，滑雪速度和射击精度决定了最终的竞技结果，这也成为当下冬季两项运动中研究最为广泛的两个主要方向，其中有关运动员训练方式和运动康复的内容也受到大量关注[16]。

2.4.2 对冬季两项中越野滑雪环节的训练与竞技表现及研究

滑雪速度对于冬季两项最终成绩至关重要。对冬季两项世界杯的研究表明，在短距离项目中，滑雪速度对比赛成绩有60%以上的影响[17]，虽然追逐项目和集体出发项目涉及的射击次数更多，而每一圈的滑雪距离较短，滑雪速度对整体成绩的影响可能比短距离项目要小，但依靠速度优势跟在其他参赛者身后，在人群中找到最佳位置也有助于最大限度地利用个人优势。

长时间高速滑行对运动员提出了更强的心率储备和有氧代谢能力的要求[18]，研究发现，冬季两项运动员的最大摄氧量峰值与短距离比赛竞技表现之间存在正相关关系，VO_{2max}峰值每提高0.2%，运动成绩相应提升1%[19]。相关研究集中在基础体能、运动效率、耐力提升等方面，但少以冬季两项直接作为研究对象，更多是以越野滑雪项目的体能训练和越野滑雪与冬季两项运动员运动表现差异为主。

在针对冬季两项运动员的体能训练方面，顶尖的冬季两项运动员每年进行700~900小时的体能训练，其中80%为低水平耐力训练、4%~5%为中等强度耐力训练、5%~6%为高强度耐力训练，以及10%为力量和速度训练，射击需要单独的训练时间。在具体的训练安排上，同大多数运动一样，低强度训练被认为能有效提高运动员有氧能力和运动效率以及对高训练负荷的"耐受性"[20]。冬季两项的低强度训练方式并不固定，一个冬季两项金牌获得者有50%~60%的时间在进行专项训练，其余大部分训练是骑自行车和跑步。中等强度（即低于无氧阈值）的训练可以延长并保持充足的有氧能量供应，这种训练在备赛期间每周一或两次，而较少在赛季中采用。在进行中等强度的训练时，冬季两项运动员往往采用长时间运动穿插间歇恢复或连续运动30~60分钟的方式。为了控制强度，中等强度的训练场地一般较为固定，较少发生变化。高强度训练对提升运动员耐力大有好处，冬季两项的高强度训练主要包括轮滑和滑雪，顶尖的冬季两项运动员并不会进行过多次高强度训练，但会注意每次高强度训练带来的身体机能、技术和心理层面的提升优化。

对运动员身体机能的研究，从下肢肌肉力量和运用氧气能力对耐力提升表现的研究发展到对上肢肌群参与运动表现的研究。对越野滑雪运动员的几项研究表明，有关上肢力量的训练被提高了，但在上、下肢协同参与的大肌肉群工作中，肌肉运用氧气的能力也受心血管、呼吸系统对氧气摄入和利用的影响，这也是决定最大有氧能力上限的重要因素，因此上肢肌群参与运动的比例过多或过少都不利于滑行速度的保持。但到目前为止，力量训练对冬季两项成绩的影响还没有被证明。总的来说，现有的研究结果使我们可以推测，对于广泛训练耐力的冬季两项运动员来说，额外的力量和速度训练可以发展和保持肌肉质量与力量，特别是对女性运动员的上半身力量训练，可以提升其在携带步枪时的滑雪技术表现[21]。然而，速度和耐力训练相结合的潜在影响还有待进一步研究。

滑行的技术动作和策略选择同样重要。与超过50%时间都在上坡的越野滑雪项目不同，冬季两项的赛道包括不断变化的平坦、上坡和下坡部分，因此冬季两项运动员必须频繁交替不同的亚技术（如随着坡度增加，技术动作由交替V2转化成V2和V1技术）[22]，技术复杂性将提高滑雪效率，也是区分运动员竞技水平的重要方面。另外，冬季两项运动员在执行各种滑行技术时，其上、下半身承受着不同程度的负荷，运动员上、下肢肌肉质量和功率输出影响运动员的能量供应[23]。总的来说，滑雪技术的选择受速度和外部条件（如地形轮廓、雪况、雪板打蜡和海拔高度）以及个人水平和身体特征的影响，冬季两项运动员不仅要知道他们的运动方式和强度，而且要知道他们如何训练胳膊、腿和整个身体。在一定的情况下，顶尖冬季两项运动员在滑雪方面具备与高水平越野滑雪运动员一决高下的能力。

过高的训练量和过于密集的赛程可能会增加运动员受伤的风险。在一项针对挪威冬季两项女子运动员的肌肉骨骼研究中发现，在148名运动员中（其中16～21岁的运动员有118名），57.8%的人遭遇过肌肉与骨骼损伤，其中膝关节损伤占比23%，踝关节损伤占比10.8%，下背部损伤占比10.8%，大腿损伤占比10.1%。有73.5%的运动员因伤被迫停止训练或比赛，87.8%的运动员需要变换训练方式。而有50%的运动员面临着多种肌肉、骨骼损伤问题[24]。与男性运动员相比，女性运动员膝盖问题的患病率更高，应力性骨折的风险更高。在对受伤时段进行的研究中发现，有关膝关节、踝足和小腿的伤病往往发生在季前赛期间（5月和9月），这段时期，运动员通常会用跑步、骑车等训练方式代替滑雪作为训练的主要部分，而替代性训练活动可能造成更高的受伤概率。因此，必须在季前赛中预防训练受伤，尤其是下肢的伤病。

过分密集的训练课程和过高的训练强度同样会增加运动员的竞技压力。因此，冬季两项运动员年训练量以实验室数据为准进行调整，每年有60%～70%的训练是在5～11月进行的，其他是在12月到次年4月竞赛季节进行。赛季开始时一般会进行较多低强度训练，慢慢加入中等强度和高强度训练。在5～10月，轮滑、骑自行车和在不同地形上跑步是主要训练模式，每个月只有几天在雪地上训练，而从11月起，大部分训练会涉及雪上运动，主要训练内容是自由式滑雪，只在长时间低强度训练或者恢复训练中会涉及传统滑雪技术。同样的训练计划，不同个体间生理和心理反应也不尽相同。运动员自主神经活动对训练、比赛计划的反应具有可变性、个体化特征，调节副交感神经和交感神经活动之间的平衡与运动员滑雪表现密切关联。

除运动员自身素质外，雪道条件同样影响运动员在越野滑雪环节的表现。研究证明，每升高1000米海拔，运动员的竞技时间会增加约2%，坡度每增加1%用时约增加5%，风速也会对最终用时产生1%～2%的影响，雪道的软硬也会对最终成绩产生2%～4%的影响。运动员的训练应重视比赛气候条件，从提前适应、个性化装备适配等方面使不利影响最小化[25]。

2.4.3　对冬季两项中射击环节的训练与竞技表现提升研究

除了滑雪之外，要想在冬季两项比赛中取得成功，运动员还需要从高强度滑雪中快速转换状态，进行准确射击。射击精度显著影响冬季两项的最终成绩（达到35%），在短距离项目中，射击精度对完赛成绩的影响可能高达50%，因为每错过一次射击都会导致1分钟的处罚。

在射击过程中，身体的摇摆、触发行为甚至心理，都会影响射击成绩。有研究发现，高水平运动员的肩部力量比低水平运动员高69.8%，肩部力量也许是影响冬季两项射击竞技表现的因素之一。2007年国内学者首次提出，基础体能水平会左右运动技术的发挥，体能状态对冬季两项运动表现有重要影响[26]。由于射击部分要求运动员具有稳定的神经肌肉联络系统，基础体能训练不仅可以使得运动员在射击过程中保持神经系统的稳定，同时可以让运动员在射击击发过程中保持身体姿势的平衡与稳定，将影响射击表现的肢体摇摆和步枪摇摆的不利因素降到最低[27]。

在射击的准确性上，站姿和卧姿两种姿势的射击准确性相差不大，可能与靶位直径差异相关①。有数据表明，顶尖运动员在大赛上射击准确性会高于这些运动员在日常训练中的射击准确性。在2014年索契冬奥会上，所有男子和女子奖牌获得者的平均射击准确率为97%。在2018年平昌冬奥会上，由于遭遇了更困难的风环境，男子和女子奖牌获得者的平均射击准确率分别为93%和95%，运动员的射击习惯和命中模式对此有一定影响，但冬季两项的射击准确率仍然具有高度的随机性[28]。

射击用时取决于首发程序、连续射击每发程序和备用弹每发程序的完成时间[29]，但是不同水平运动员在这里的用时相近。在射击前的15~30秒，运动员会稍微放慢滑行速度，但具体多久往往取决于地形和运动员个人习惯。滑行至射击线后，运动员往往在15秒内就准备就位并发射第一枪，五枪射击持续约10秒[30]。因此，运动员从进入射击场、准备就位、完成射击到离开射击场，总共需要花费25~30秒，时间是高度紧张的，但不同水平运动员在这里的用时差异不大，对比赛整体用时只有2%~4%的影响[31][32]。

① 机械靶卧射靶环直径为4.5厘米、立射靶环直径为11厘米。

　　动与静的快速衔接转化一直是冬季两项运动特有的复杂性和矛盾性所在，但数据研究表明，在射击过程中，尽管运动员的心率快速从最大心率的90%降至60%～70%，但射击前高强度的运动并不会对射击表现产生太大影响[33]。另外，射击的技术动作会直接影响射击表现，卧姿射击时，扣动扳机的触发行为和步枪摆动会显著影响射击表现；站姿射击中，步枪摆动同样对最终的射击成绩有重要影响[12]。运动员在瞄准、保持最佳身体姿势和扣动扳机时需要高精细度运动控制，心理必然承受着高度压力，因此高压下的卧姿射击和站姿射击动作变形值得进行更加深入的研究。

　　生理、心理压力对运动员射击表现有重要影响。疲劳状态下生理、心理协同互动研究是当前冬季两项研究的热点，主要通过大脑诱发电位和心血管反应等大脑皮层和心脏活动指标的动态变化解释运动员精神状态的改变。研究已证实，强烈的情绪会影响认知和对自身状态的控制，出现感知、动作、协调和策略上的失误。副交感神经系统占主导地位时，对运动员保持射击姿势的稳定有明显帮助，即运动员在进入射击位置后，须迅速找到适合自己的射击姿势，为发挥射击表现奠定良好的生物力学、生理学和心理学基础。研究表明，心象训练以思维的变式、重组和定式为核心，优化运动员对程序参赛的应答，是有效发掘高水平运动员参赛潜力的干预方法[34]。

　　有关射击的训练研究表明，在赛季中，一名世界级的运动员会在200多节训练课中射击超过20000次，其中约60%是射击和耐力训练的结合，其中低强度训练下的射击约9000次（占比75%），中等强度训练下的射击约2000次（占比16.7%），高强度训练下的射击约1250次（占比10%），虽然训练强度对射击的精准度并没有产生太大影响，但训练仍然强调在类似竞赛条件下进行射击的重要性，即有运动员同场竞技且计时的情况下。剩下的训练是在静止状态下进行的，专注于提高运动员射击的准备、射击过程和离场时的精度与速度。事实上，许多世界级的冬季两项运动员现在特别注重迅速准备第一枪，并尽快离开射击道。静止射击以及无弹药射击也可以改善触发行为和持枪稳定性，增强射击时的心理素质。因此，优秀的冬季两项运动员常常在类似于竞技射击的条件下进行训练，不仅可以提高准确性，而且可以最大限度地减少在靶场和射击时的时间损失。

场地自然条件对运动员的射击策略有相当大的影响，尤其是风环境。虽然风速似乎对整体射击成绩影响不大，但场地风环境仍然需要被重视，因为风速会影响运动员的射击身姿和步枪稳定性，有时冬季两项运动员会等到风停才进行射击。因为室外条件影响射击的准确性，所以有关射击的训练常在有风的条件下进行，在站姿射击时，步枪的稳定性对成绩的影响至关重要，这也是决定运动员竞技水平的重要因素，步枪的稳定性和身体摇摆是相关的，而顶尖运动员的身体摇摆幅度很小[35]，因此平衡训练结合射击也有利于冬季两项运动员成绩的提升。

2.5 对冬季两项场馆的研究

冬季两项场馆建设的目的是服务于冬季两项运动的训练和赛事承办，由于冬季两项运动的门槛较高，相对小众，少有地区自发兴建场馆，多是滑雪胜地依托重大赛事平台建立，并常与越野滑雪、跳台滑雪等项目共用赛道。目前国外针对冬季两项场馆的研究较少，多与重大赛事场馆管理、场地与周边自然和社会环境融合相关。清华大学建筑设计研究院有限公司在承担2022年北京冬奥会张家口赛区冬季两项比赛场馆策划设计工作期间，以服务重大赛事为切入点，延伸出场馆策划、全过程可持续、全季利用等相关内容[36]。例如，《国家冬季两项中心策划设计》一文围绕顶级赛事标准与体验、冬残奥会需求整体统筹、赛后利用和可持续发展等主题，系统地介绍了国家冬季两项中心的规划设计[37]；《基于可持续的多目标集成冬季两项场馆策划》一文以提升竞技表现、观赛体验、组织效率、经济效益、提升公众健康等为切入点，提出基于可持续的多目标集成冬季两项场馆研究框架，形成了冬季两项场馆多目标集成策划要点[38]。

综合来说，目前针对冬季两项场馆的研究以场地规划选址对区域发展的影响、场馆功能设施和结构研究、场馆经营和全时利用、虚拟现实手段对场馆设计的影响为主要内容。

2.5.1 从区域发展角度针对冬季两项场馆规划选址的研究

在场地规划选址层面，冬季两项场馆可以分为两种类型。第一种选址与城市的关系紧密，这种情况下，除了极少数建在城市中心区的场馆外［如位于俄罗斯汉特-曼西斯克市中心的菲利边科竞技场（Filipenko）］，多数场馆都会建在城市的边缘郊区，如瑞典厄斯特松德冬季两项竞技场，这类场馆不仅用于与冬季两项相关的赛事和训练，还为游客和当地居民提供运动体验等休闲活动。第二种场馆选址则距离周边大城市相对较远，但这类场馆与周边自然风光资源联系更加紧密，周边提供住宿餐饮的小镇也更有地域特色，如位于奥地利上菲尔岑（Hochfilzen）的冬季两项体育场，它距离最近的萨尔费尔登①等城市约17公里，但在冬季两项世界杯期间，这里的音乐和美食与赛事同样吸引着世界各地的游客。一般情况下，冬季两项场馆的选址需要考虑公共交通的便利性和基础设施建设成本，与人口密集的住宅区共用住宿、餐饮和市政服务设施能有效控制场馆的运维支出。

冬季两项场馆选址的大原则是最大限度地减少对环境的影响、最大限度地紧凑设计、最大限度地提高物流效率，增强运动员、官员、媒体和观众的活动体

---

① 萨尔费尔登是奥地利萨尔茨堡州的一个重要城镇，该地区位于滨湖采尔区首府以北约14公里处，拥有16790名居民（截至2022年1月1日），是滨湖采尔区人口最多的城市，也是萨尔茨堡州人口第三多的城市。

验。冬季两项场馆往往与越野滑雪、跳台滑雪的选址相结合，共用一处山谷或山坡，这从旅游管理的角度被称为"互惠政策"，它指的是当在同一地区、在相近时间段内举办两项及以上比赛时，两项比赛之间存在交互吸引游客的现象，因此多个项目场馆的结合设计可能带来更高的经济效益和客群流量，当然这也与场馆间交通的便利程度和游客的知情情况相关，参与赛事举办的组织机构、赞助商、营销方可以借助此机会扩大赛事宣传，留下更多的游客。

在场馆的规划设计过程中，设计者不仅需要考虑场地位置、大小、可接待游客的资源，也需要考虑到重大国际赛事举办对当地民众和社区生活产生的长期重要影响。赛事举办也许能给周边社区带来基础建设和投资发展机会，但也同时带来交通拥堵、环境污染和偷窃等犯罪增多的风险。因此，需要加强当地社区对赛事的了解，如让当地民众以志愿者的身份参与到赛事举办中，在赛后他们可以将知识和故事分享给游客，增加当地社群对赛事的自豪感和支持度，这对于场馆运营维护有一定积极作用。另外，场地内功能布局需要结合当地的历史文化背景，以便增加场所记忆点，加强社区氛围营造。例如，前往厄斯特松德冬季两项中心的游客都对当地蛇形水怪的传说印象深刻[①]；而鲁波尔丁冬季两项中心则把冬季两项的主题贯穿始终，不仅在小镇的主要道路上设有运动员雕像、冬季两项为主题的咖啡厅，还在每一处路标、指示牌上画出了冬季两项的运动剪影。

2.5.2 从运动员需求角度针对冬季两项场馆空间布局与形式的研究

与冬季两项运动相关的建筑物包括滑雪小屋、滑雪场、冬季两项中心、冬季两项基地等。其中，滑雪小屋是一组由雪道、雪具存放设施、维修房、看台等组成的小型设施；滑雪场除了包含体育设施和服务设施外，一般还包括游客和运动

---

① 斯图尔湖水怪，据说生活在瑞典中部贾姆特兰300英尺深（91米）的斯图尔湖，1635年首次被报道，是瑞典最著名的水怪。

员的住宿设施（如酒店或独立的住宅楼等）；冬季两项中心相对专业，是一套包含了滑雪和射击两个项目竞技服务空间的建筑，一般位于主竞技场周围，用于赛事服务。而冬季两项基地是除了包含滑雪和射击运动设施（赛道、靶场等）外，还包含有游客和运动员住宿设施以及其他服务设施的多功能综合场地，它一般涵盖一个区域，可用于冬季两项和滑雪运动的比赛与训练。一般来说，滑雪小屋和滑雪场主要用于业余或专业运动员的训练，而冬季两项中心和冬季两项综合设施主要用于举办不同级别的比赛。冬季两项中心与冬季两项基地的不同之处在于其服务设施的规模，是否包括游客和运动员的住宿、服务区、运动员训练中心等设置。

在功能方面，冬季两项场馆定位存在一定差异，这主要取决于设施所针对的使用场景。普遍意义上，体育场馆的使用者可以分为儿童和青少年、大众群体、业余运动员和专业运动员。其中，面向青少年使用群体提供的服务主要是提高其对该项目的兴趣，增强体质健康，形成后备力量；针对大众所提供的服务是提高群众关注热情和身体素质；针对竞技运动员所提供的服务则要包含提升竞技水平、满足赛事举办的功能需求。因此，冬季两项场馆的定位可根据其使用性质划分为用于训练和比赛、用于大众滑雪和冬季两项体验、用于业余运动员的训练和比赛和用于更高规格比赛四类。为了维持非赛季期间场馆的正常运维和竞技盈利，大型冬季两项场馆往往会综合多个使用定位。对于通过IBU认证的场馆来说，由于IBU对可以承办冬季两项国际赛事的场馆功能分区、规格尺度、设施数量等都有严格规定，因此各场馆的功能设施相差不大，通常布局紧凑，占地20～25公顷。这类场馆主要以承办各级别冬季两项赛事为主，因此少见训练中心、保健康复等功能性空间以及住宿等辅助类空间，这点在欧洲地区的冬季两项场馆中尤为突出。

有研究认为，欧洲冬季两项场馆的设置规模与功能定位[39]，不仅取决于运动形式，在很大程度上也与场馆形成的历史背景和运动员训练管理方式有关。欧洲地区的冬季两项场馆往往选址在历史上有名的冰雪运动胜地，周边有较为发达的冰雪旅游小镇，因此从成本控制和后期运维角度出发，场馆区域内并不关注旅游观光条件和游客服务设施。游客前往场馆的主要目的就是体验冬季两项运动的魅力，其可到达的区域一般为观众看台、赛道沿线支持席位、加热帐篷、餐厅和纪念品商店。住宿、用餐、观光等需求往往被布置在距离场馆5~30公里且人口较为稠密的城镇中，与场馆间有方便的公共交通工具联系。另外，由于欧洲冰雪运动员的训练计划往往因人而异、独立进行，少有长期集训，只有当需要进行战术准备或在测试赛之前团队才会聚集在一起训练，因此欧洲的冬季两项场馆中不设置训练中心和宿舍，对运动员备战影响不大。当有需要时，运动员会住在场馆周边的旅馆往返于赛场和酒店，到达冬季两项中心后，运动员可以在打蜡房中更换服装，从而进行竞赛准备。

除了为承办各级别竞赛而设立的场馆外，一些冬季两项场馆可能与训练基地、滑雪度假、体育学校等设施共同建设，这类场馆与周边的城镇和居民区关联不大，但在基地内部设有更全面的功能分区，涵盖有运动员训练康养、住宿食堂、青少年体育学校以及服务游客的宾馆、娱乐、滑雪设备租赁空间等。此类场馆的设置往往与本国运动员的备赛和训练机制有关，如俄罗斯等地区的运动员在备赛期间往往是作为团队的一员进行集体训练，因此在场馆周边设置训练中心和运动员生活区就显得尤为必要，如索契冬奥会冬季两项场馆。这类场馆通常占地面积很大（23~45公顷），需要更多资金用于建设和维护，因此从经济角度来说，需要开发基地全季使用的潜力，自然风光、滑雪度假、山林越野、运动体验、区域历史文化挖掘等都是常见的旅游资源，另外，国家队训练的需求可能给周边城镇带来人口定居的机会，如厄斯特松德滑雪场作为瑞典国家冬季两项训练基地，许多与冬季两项相关的人士作为教练、训练员和设备供应商定居在厄斯特松。

冬季两项场馆的赛道可分为开放式和封闭式两类，其中封闭式指的是室内滑雪道或滑雪隧道，虽然这类滑雪道面临着光照缺乏和室内积水的问题，但它确实能够为运动员提供在任何时间、任何天气下训练的机会。这类滑雪隧道往往由优质绝热材料建造，造价高昂，长度一般不超过1.5公里，并附带有小型室内靶场。例如，奥伯霍夫冬季两项运动基地的室内滑雪道设置有3条不同难度的雪道，共计1.3公里，还附带有4条小口径射击赛道，全年开放，可供运动员预约训练使用（图2.16）。瑞典托斯比（Torsby）的托斯比滑雪隧道是一条穿山滑雪隧道，总长1.3公里，宽8米，雪道随山势起伏而变化，附带有一个含6条射击赛道的室内靶场。芬兰Leppavirta市的Vasilepis滑雪基地在地下30米处挖凿了一条1.1公里长的地下滑雪隧道，这里同样附带有一个射击靶场。

图2.16　奥伯霍夫的室内滑雪道

同大多数体育竞技类项目一样，冬季两项场馆的看台坐席少量常常采用临时座椅加建的方式满足高规格观赛需求，有少数针对冬季两项场馆临时看台结构力学的研究表明，出于对临时看台结构材料和受力特征的分析，观众在临时座椅上的部分行为（如跳跃、奔跑）是应当被禁止的[40]。

2.5.3　从旅游管理角度针对冬季两项场馆运营和全时利用的研究

有相当的研究从旅游管理的角度针对冬季运动场馆对游客的吸引力进行了调

研。有针对冬季两项场馆吸引力的研究表明，某个运动员或国家队在某运动项目上的成功能够激发游客对现场观赛的浓厚兴趣，而游客是否会重返当地进行旅游则取决于场馆提供的赛事体验。一项针对2009年意大利北部南蒂罗尔冬季两项世界杯观赛游客的调研发现[41]，游客对体育赛事的忠诚度和满意度与游客重游周边区域的行为正相关，而游客对赛事的满意度又被细化为赛事服务、票务价格和可获得性三个因素，这三个因素均与游客本人的重游意向呈强烈正相关，也与其将该处推荐给朋友的意图正相关。

从客群画像和场馆经营角度来说，冬季两项场馆的功能复合化有利于其非赛时利用和赛后转型。因为对于现代体育场馆来说，承办赛事只占据了其收入的一部分，而在非赛时面向大众的运动休闲和娱乐活动也许会带来更多的经济收益。因此，体育场馆需要结合高规格的赛事需求和大众娱乐活动共同进行设计，这两类需求可以共用一套基础设施，并实现针对性的空间和功能转换。对于冬季两项场馆来说，它应该充分利用业余运动爱好者的潜力，如同健身俱乐部一样，无论是家庭活动还是个人休闲，大众和业余爱好者都能为场馆带来有规律的、频繁的使用行为，这对于场馆的运维至关重要[42]。还有研究从全季利用角度，概括了赛道在赛后转换利用中的共性特征，形成了针对区域、场馆转向设施全尺度空间干预角度的山地赛道系统全季利用的技术集成模式[43]。

具体来说，冬季两项中心的赛后经营策略可以分为三个方面。

首先是针对不同水平和年龄的大众开展主题活动，为业余爱好者提供丰富多样的计划，这将使他们能够将冬季两项中心视为一个可以定期前往的目的地。上菲尔岑冬季两项场馆就十分重视冬季两项运动的普及宣传，在这里几乎每周都有为游客准备的冬季两项比赛表演及体验教学，同时还有专为儿童准备的冬季两项训练营和冬季滑雪学校项目，从不同年龄的儿童入手，为其配备相应的课程与训练，将冬季两项发展为一个全民参与的项目。

其次，场馆需要打造全季利用的特点，减少对季节和天气因素的依赖。对夏季项目的考虑将极大地影响场馆运维的长期前景。冬季两项场馆周边优越的自然条件，如高耸的森林、宁静的湿地和湍急的水流在场馆全季利用中发挥了重要作用。结合自然吸引力，场馆可以为游客提供举办山地自行车、越野跑步和用轮滑模拟滑雪的"夏季两项"运动会，而山谷的天然森林环境可能会吸引更多人进行传统的远足、游泳和露营旅行。例如，2010年温哥华冬奥会的惠斯勒北欧中心位于彩虹山脚下，可以从惠斯勒村徒步旅行或骑自行车到达，作为度假体验的补充，这里提供了连接到亚历山大瀑布、马德利湖、卡拉汉湖的交通网络，以便开展高山跳伞、游泳、钓鱼等夏季消遣活动。鲁波尔丁小镇把握每年世界锦标赛与世界杯赛事带来的访客人流，推出包括自行车、冬季徒步越野在内的针对不同顾客群体的旅游项目，并对赛事门票售卖、巴伐利亚传统节日、美食与户外活动报名等项目进行联合组织，建立了方式多样而完善的旅游系统。同鲁波尔丁小镇一样，上菲尔岑也会在夏季提供徒步攀岩、高尔夫、室内游泳、雪橇等多种休闲运动项目。

再次，场馆应注重冬季两项运动氛围的营造。冬季两项运动的魅力在于高速滑雪与静态射击的瞬时转换，但在大众娱乐活动层面，因涉及枪支管理与场地安保问题，需要在保留运动精髓的同时做出方式上的调整。例如，温哥华冬季两项场地在赛后用直排轮滑代替滑雪，用投掷篮球代替射击，在降低了场地开展活动条件的同时将冬季两项运动动静转换的精髓带给访客；奥伯霍夫的冬季两项场馆设置了气枪靶场和激光靶场，降低了项目的体验门槛。鲁波尔丁利用冬季两项这一赛事项目建立了从台前到幕后、从专业到休闲的完整的产业链，将商业与体育赛事的结合做到了极致，他们在小镇上推出冬季两项主题咖啡厅，在赛事期间这里转变为媒体中心使用；并建立冬季两项训练营，以此培养和选拔冬季两项后备人才，同时也为冬季两项职业选手提供场地、教练和资金支持。游客与专业运动员共用一块场地，在作为媒体中心的咖啡馆中消遣娱乐，都进一步加深了对冬季两项运动的记忆点。利用竞赛主楼提供的会议中心也是冬季两项场馆在赛后常用的运维手段之一，宏伟的景色和丰富的娱乐活动可以增加会议中心的吸引力，惠斯勒冬奥会场馆和意大利南蒂罗尔冬季两项中心提供的会议室是举办任何会议或聚会的理想场所。

2.5.4 从虚拟现实角度对冬季两项场馆设计的影响

除了实体场馆的研究，还有一些虚拟空间中的场馆设计在一定程度上也对冬季两项运动的特点和设施有一部分的研究。例如，游戏公司Animar Games开发了Biathlon Battle VR，其中有模拟的赛道、靶场、起终点区等场景，赛道滑行中还能看到山峰、风力发电设施、木屋等。还有在计算机端使用的电子游戏BIATHLON Games，可供Play Station使用的BIATHLON系列，从最初的CD-ROM的PC版本到现在主流游戏机的网络版本，是冬季两项爱好者喜欢的电子游戏。该游戏让玩家既能享受冬季两项运动的乐趣，又可以避免户外的严寒。另外，Winter Sports系列电子游戏也都有冬季两项运动的子项内容。网络在线游戏BIATHLON MANIA可以通过网络直接参与。虽然这些电子游戏在一定程度上为了玩家体验简化了场地设计，并且忽略了一些冬季两项赛事的规则，但作为虚拟空间对冬季两项的探索，让很多没有现场接触过冬季两项运动的玩家参与这个赛事，也是对体育运动的一大贡献。笔者2017年在参观瑞士洛桑奥林匹克博物馆时注意到，其中有一个游戏体验区一直有游客在此游玩，最火爆的互动体验之一就是冬季两项的电子游戏，增加了大众对冬季两项运动的关注度。

虚拟现实滑雪训练系统采用基于激光三维扫描点云与可见光图像融合的场景感知系统、模拟赛场环境的高精度虚拟场景系统，重建高精度的比赛场景用于运动员模拟训练。并通过室内多自由度模拟滑雪训练系统，使运动员在室内也像在真实赛道上一样滑行，再通过数学模型计算滑行速度，帮助运动员优化技术动作[44]。

本章参考文献：

［1］王润极，张茜岚，阎守扶，等. 1987—2019年国外冬季两项体育科学研究现状与启示——基于知识图谱的可视化分析[J]. 体育研究与教育，2021，36（4）：15-22，31.

［2］LUCHSINGER H, KOCBACH J, ETTEMA G, et al. Contribution from cross-country skiing, start time and shooting components to the overall and isolated biathlon pursuit race performance[J]. PLoS One, 2020, 15(9): e0239057.

［3］SKATTEBO Ø, LOSNEGARD T. Variability, predictability and race factors affecting performance in Elite Biathlon[J]. International journal of sports physiology and performance, 2018, 13(3): 313-319.

［4］BAUMGARTL P. Treadmill ergometry and heart-volumes in elite biathletes: a longitudinal study[J]. International journal of sports medicine, 1990, 11(3): 223-227.

［5］PATTON J F, DUGGAN A. Upper and lower body anaerobic power：comparison between biathletes and control subjects[J]. International journal of sports medicine, 1987, 8(2): 94-98.

［6］HEINICKE K, HEINICKE I, SCHMIDT W, et al. A three-week traditional altitude training increases hemoglobin mass and red cell volume in elite biathlon athletes[J]. International journal of sports medicine, 2005, 26(5): 350–355.

［7］Pidhrushna, Olena. Optimal individual competition calendar in biathlon (the case of elite female athletes) [J]. Vojnosanitetski pregled military medical & pharmaceutical review, 2015(11-12): 415-417.

［8］KOČERGINA N, ČEPULĖNAS A, ZUOZA A K. Comparative analysis of female elite Biathletes'sports results in World Cup Competitions before the World Championship and during the World Championship in the season of 2010–2011 [J]. Baltic journal of sport and health sciences, 2012, 86(3).

［9］VICKERS J N, WILLIAMS A M. Performing under pressure: the effects of physiological arousal, cognitive anxiety, and gaze control in biathlon[J]. Journal of motor behavior, 2007, 39(5): 381–394.

［10］MANFREDINI F, MANFREDINI R, CARRABRE J E, et al. Competition load and stress in sports: a preliminary study in biathlon.[J]. International journal of sports medicine, 2002, 23(5): 348-352.

［11］GREBOT C, GROSLAMBERT A, PERNIN J N, et al. Effects of exercise on perceptual estimation and short-term recall of shooting performance in a biathlon[J]. Perceptual and motor skills, 2003, 97(3 Pt 2): 1107-14.

[12] SATTLECKER G, BUCHECKER M, GRESSENBAUER C, et al. Factors discriminating high from low score performance in biathlon shooting[J]. International journal of sports physiology and performance, 2017, 12(3): 377-384.

[13] IHALAINEN S, LAAKSONEN M S, KUITUNEN S, et al. Technical determinants of biathlon standing shooting performance before and after race simulation[J]. Scandinavian journal of medicine & science in sports, 2018, 28(6): 1700-1707.

[14] GROSLAMBERT A, CANDAU R, HOFFMAN M D, et al. Validation of simple tests of biathlon shooting ability[J]. International journal of sports medicine. 1999, 20(3): 179-182.

[15] GREBOT C, BURTHERET A. Forces exerted on the butt plate by the shoulder of the biathlete in biathlon shooting[J]. Computer methods in biomechanics and biomedical engineering, 2007, 10(1): 13-14.

[16] LAAKSONEN M S, JONSSON M, IIOLMBERG H C. The Olympic biathlon-recent advances and perspectives after pyeongchang[J]. Frontiers in physiology, 2018(9): 796.

[17] LUCHSINGER H, KOCBACH J, ETTEMA G, et al. Comparison of the effects of performance level and sex on sprint performance in the Biathlon World Cup[J]. International journal of sports physiology and performance, 2018, 13(3): 360-366.

[18] HOFFMAN M D, STREET G M. Characterization of the heart rate response during biathlon[J]. International journal of sports medicine, 1992, 13(5): 390-4.

[19] TØNNESSEN E, HAUGEN T A, HEM E，et al. Maximal aerobic capacity in the winter-Olympics endurance disciplines: Olympic-medal benchmarks for the time period 1990-2013[J]. International journal of sports physiology and performance, 2015, 10(7): 835-839.

[20] 周文婷，马国东. 冬季两项的运动学、生理学与训练学特征[C]//中国体育科学学会. 第十二届全国体育科学大会论文摘要汇编——专题报告（运动训练分会）. 2022: 307-309.

[21] 周文婷. 冬季两项运动员的生物学特征和竞赛、训练特征研究[J]. 天津体育学院学报，2022，37（1）：25-31，59.

[22] HOLMBERG H C. The elite cross-country skier provides unique insights into human exercise physiology[J]. Scandinavian journal of medicine & science in sports, 2015, 25 Suppl 4: 100-9.

[23] 王润极，李海鹏，阎守扶，等. 冬季两项运动员竞技表现的影响因素及训练策略[J]. 中国体育科技，2020，56（12）：27-35.

[24] OSTERÅS H, GARNÆS K K, AUGESTAD L B. Prevalence of musculoskeletal disorders among Norwegian female biathlon athletes[J]. Open access journal of sports medicine. 2013: 71-78.

[25] BUHL D, FAUVE M, RHYNER H. The kinetic friction of polyethylen on snow: the influence of the snow temperature and the load[J]. Cold regions science and technology, 2001, 33(2–3): 133-140.

[26] 陈小平. 论专项特征——当前我国运动训练存在的主要问题及对策[J]. 体育科学, 2007（2）: 72-78.

[27] 王润极, 张茜岚, 阎守扶, 等. 认知、辨析与整合: 国际冬季两项项目研究实践前沿[J]. 冰雪运动, 2021, 43（5）: 35-40.

[28] MAIER T, MEISTER D, TRÖSCH S, et al. Predicting biathlon shooting performance using machine learning[J]. Journal of sports sciences, 2018, 36(20): 2333-2339.

[29] 黄滨, 朱泳, 金生伟. 中国冬季两项队员射击速度与行为分析[J]. 武汉体育学院学报, 2010, 44（5）: 38-42.

[30] HOFFMAN M D, STREET G M. Characterization of the heart rate response during biathlon[J]. International journal of sports medicine, 1992, 13(5): 390-4.

[31] LUCHSINGER H, KOCBACH J, ETTEMA G, et al. Comparison of the effects of performance level and sex on sprint performance in the Biathlon World Cup[J]. International journal of sports physiology and performance, 2018, 13(3): 360-366.

[32] SKATTEBO Ø, LOSNEGARD T. Variability，predictability, and race factors affecting performance in elite biathlon[J]. International journal of sports physiology and performance, 2018, 13(3): 313-319.

[33] HOFFMAN M D, GILSON P M, WESTENBURG T M, et al. Biathlon shooting performance after exercise of different intensities[J]. International journal of sports medicine, 1992, 13(3): 270-3.

[34] 黄滨, 朱泳. 中国冬季两项队员射击思维干预的设计与运用[J]. 天津体育学院学报, 2010, 25（3）: 189-192.

[35] NIINIMAA V, MCAVOY T. Influence of exercise on body sway in the standing rifle shooting position[J]. Canadian journal of applied sport sciences, 1983, 8(1): 30-3.

[36] 张维, 赵婧贤, 龚佳振. 国家冬季两项中心: 采用可持续"3E"策略的冬奥场馆设计[J]. 建筑学报, 2021（S1）: 159-163.

[37] 张维, 赵婧贤, 龚佳振. 国家冬季两项中心策划设计[J]. 建筑技艺, 2021, 27（5）: 28-33.

［38］张维，赵婧贤，贾园. 基于可持续的多目标集成冬季两项场馆策划[J]. 当代建筑，2020（11）：17-19.

［39］BORODAI A, BORODAI D, VYSOCHIN I, et al. Biathlon sports complexes forming peculiarities and their creation practice review [J]. International journal of engineering and technology, 2018, (4.8): 671-676.

［40］VERNER M. The comparison of two different sporting events based on the typical behavior of the active spectators and grandstand vibrations induced by them[J]. Acta polytechnica CTU proceedings, 2020, 26: 139-143.

［41］OSTI L, DISEGNA M, BRIDA J G. Repeat visits and intentions to revisit a sporting event and its nearby destinations[J]. Journal of vacation marketing, 2012, 18(1): 31-42.

［42］Многофункциональные центры зимнего спорта и туризма. О биатлоне и не только» Кира Канаян, Рубен Канаян, Михаил Ворон- ков и Татьяна Кастко. [EB/OL]. [2023-5-11]. http://www.kanayan.biz/2016/analytica/winter-sport-centers/.

［43］张维，赵婧贤. 山地赛道全季利用技术在国家冬季两项中心的应用[J]. 世界建筑，2022（6）：50-55.

［44］科技冬奥|智能化设备助力冬奥健儿科学训练[EB/OL]. （2022-1-23）[2024-6-17]. https://www.thepaper.cn/newDetail_forward_16423273.

国际冬季两项
场馆规划设计

3.1　整体规划

　　冬季两项场馆的整体规划是个浩大的系统工程，不仅用地范围大且地形复杂，而且各种赛制和工艺要求较为苛刻，需要用系统的观点进行梳理和分析，在综合考虑各种因素的前提下寻找相对最优的规划方案。

　　国际上冬季两项中心场馆的总平面布置各有特色，最大的特点是尊重自然环境，因地制宜。冬季两项场馆在尊重自然环境、因地制宜的基础上，需要考虑的核心要素除了包括技术楼、靶场、赛道与场馆起终点区、前后院、临时设施等功能流线关系外，还需要考虑山体的排水、人工造雪、外部和内部交通、电视转播等诸多要素。2022年北京冬奥会冬季两项中心功能分区划分为运动员区、奥林匹克大家庭区、转播服务区、媒体运行区、观众/访客区、安保区、场馆运行区、赛事接待区、仪式区、竞赛区、训练区等。

　　在冬奥会的比赛中，北欧两项和冬季两项往往会在一起举办。跳台滑雪中心、越野滑雪中心和冬季两项中心也通常规划在一起，形成一个比赛场馆群。通常在上位整体规划中，需要全面统筹考虑这几个场馆的空间布局和交通关系。在冬季两项世界锦标赛的场馆设计中，结合地形和运营就有很多种组合可能，有的和跳台滑雪中心组合（如鲁波尔丁），有的是和室内滑雪设施组合（如奥伯霍夫），有的和军事训练联动（如上菲尔岑），有的就在酒店旁边（如波克柳卡）。在此对其中比较有特色的几个场馆整体布局逐一介绍。

3.1.1　平昌冬奥会冬季两项场馆

　　2018年平昌冬奥会冬季两项中心和越野滑雪中心、跳台滑雪中心聚集在一起，整体规划设置在Alpensia体育公园中。公园内一条从东至西的道路串联起冬季两项中心、越野滑雪中心和跳台滑雪中心。公共服务区位于场地布局的最东侧，冬季两项中心的技术楼坐南朝北，靶场朝南，惩罚圈位于靶场东南角。媒体区位于技术楼南侧，和技术楼一路之隔。技术楼东侧是为转播搭建的临时设施，再往东侧为运动员休息区和打蜡房。靶场北侧有赛道环绕，技术楼左、右两侧可增加临时看台。整体规划巧妙利用地形高差，技术楼1层为架空处理。赛道也是充分利用原有高尔夫球场，场地赛后恢复作为高尔夫球场使用（图3.1）。

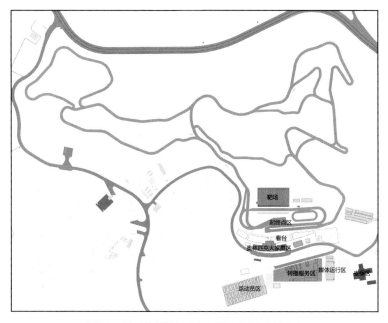

图3.1　2018年平昌冬奥会冬季两项中心总图示意

3.1.2　索契冬奥会冬季两项场馆

2014年索契冬奥会的冬季两项中心是一个庞大的综合体，全称为索契劳拉冬季两项和滑雪综合体（The Sochi Laura Biathlon & Ski Complex）。当时场馆举办了2014年冬奥会和冬残奥会的部分比赛，包括冬季两项、越野滑雪以及北欧两项的一部分。整个场馆设置了9600个坐席。离场馆不远的西北角是奥运村，建筑群落呈散点状围绕湖泊布局。这里比较特别的是缆车成为观众的主要交通方式，场馆的西侧和东侧均有缆车站点。场馆技术楼选择布置在山脊之上，对面的射击靶场嵌入地形。技术楼后面环绕连绵不绝的巍峨雪山，尤为壮美。该场馆及其附属的基础设施（奥运村、道路、电网站、供水设施等）的建造成本超过33亿美元，其每年的利润约为5700万美元（图3.2）。

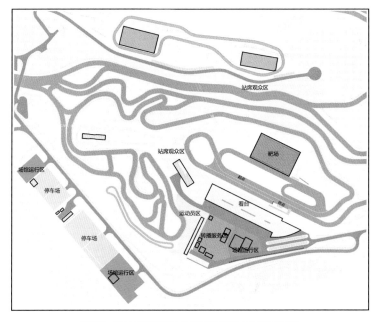

图3.2　2014年索契冬奥会冬季两项中心总图示意

3.1.3　温哥华冬奥会冬季两项场馆

温哥华冬奥会的冬季两项中心、越野滑雪中心和跳台滑雪中心也是整体布局在卡拉哥汗峡谷（Callaghan Valley）之中的惠斯勒奥林匹克公园（Whistler Olympic Park）。这里有令人叹为观止的山峦和谷地景色。其中，主要的交通空间位于赛区的南侧，这个赛区只有一条蜿蜒小路能进山谷，距离奥运村14公里。过远的距离也是赛后被专项组织专家、运动员、媒体反复抱怨的议题之一。惠斯勒奥林匹克公园举办了冬季两项、越野滑雪、北欧两项、跳台滑雪四个比赛，坐席数达到12000个。其中，滑雪跳台位于视线遥望交通场地的位置，依托地形十分贴切。越野滑雪中心位于东侧，紧邻跳台滑雪中心。冬季两项中心布置在整体的北侧，靶场嵌入逐渐升起的地形。技术楼位于靶场南侧，规模较小。这里的技术楼布局并非2014年索契冬奥会、2018年平昌冬奥会、2022年北京冬奥会的技术楼正对靶场模式，而是偏于靶场的一侧。通过碳补偿，温哥华冬奥会成为首届达到"碳中和"标准的冬奥会。在场馆建设上，温哥华也是首届实现全部赛事建筑满足LEED银级以上标准的冬奥会，奥运村70%的供暖来自废热回收系统（图3.3）。

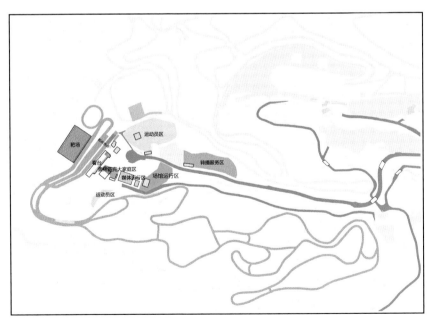

图3.3　2010年温哥华冬奥会冬季两项中心总图示意

3.1.4　都灵冬奥会冬季两项场馆

意大利都灵切萨纳·圣·西卡里奥（San Sicarios Alto）滑雪场位于意大利和法国边界附近，距离都灵97公里，是非常著名的滑雪胜地。这是意大利自1956年科尔蒂纳丹佩佐冬奥会后，时隔40年第二次举办冬奥会。当时的冬季两项还只有10个子项赛事。该冬季两项中心最大特点是利用原有设施进行改造。靶场对面只有临时搭建的看台，连技术楼都是临时搭建的。靶场的后面是一片茂密的树林，十分难得。该场馆设置了6500个坐席。比较幸运的是，场馆至今作为奥运遗产仍然活化利用。

在山区的雪车雪橇和跳台滑雪场馆就没有那么幸运。山地赛区新建的雪车雪橇和跳台滑雪场馆赛后维护成本高昂，且利用率较低，在申办初期其可持续性就被质疑。前者于2011年关闭，后者都灵市议会原来承诺的赛后改造投资也未兑现。

3.1.5　盐湖城冬奥会冬季两项场馆

2002年盐湖城冬奥会冬季两项和越野滑雪中心位于盐湖城东南的士兵谷。在该场馆不仅举行冬季两项比赛和越野滑雪比赛，还有残奥会的比赛项目。基地东北侧为整个中心的交通出入口，并设置一个环岛来组织交通。观众主要是从东北侧道路坐车来到赛场，官员、运动员从场地北侧的道路来赛场。场地的东侧为残奥会赛道。考虑到盐湖城士兵谷有可能在2月缺雪，残奥会赛道旁边设置了运动储雪点；北侧为服务区和停车场，西北侧为运动员营地。基地中间是体育场馆，其中竞赛管理中心位于中心。这是一个非常集约化的设计，使用同一个永久性技术楼，而看台为临时设施。这里看台是朝南和朝北双向布置的。射击靶场在看台的北侧，惩罚圈在射击靶场的东侧。竞赛管理中心西侧为媒体区，且其中北侧是冬季两项媒体区，南侧是越野滑雪混合媒体区。场地的西侧和南侧为赛道，并设置多个桥梁，方便观众在赛道上方穿行并且不干扰赛道上的运动员。这样的好处显而易见，能最大化地利用赛道资源。

3.1.6　上菲尔岑冬季两项场馆

奥地利的上菲尔岑冬季两项场馆，是区别于冬奥会比赛场馆的另外一种模式。该场馆是举办冬季两项BMW世锦赛的知名场馆。场馆海拔约1010米，被森林环绕。场馆中间有一条2车道的小路穿行而过，西侧顶头的是观众服务设施，平时用作军车车库。随着道路前行，会路过下穿赛道和人工小桥的赛道，形成立体不交叉的赛道系统。下穿赛道旁边，有放坡和潺潺溪流。再向东进入的则是公共服务区，在赛时会搭建帐篷，会有大量活动在此处展开。帐篷区对面为技术楼。技术楼坐南朝北，紧贴着东西双车道小路建设。技术楼北侧是赛道和起终点区、靶场和惩罚圈。再向东则是媒体停车区，相当于后院。该规划的最大特点是多了一个服务楼，和技术楼一路之隔，并且地下连通。服务楼训练、按摩、休息等空间一应俱全，还在一楼设置了打蜡房，在非赛时由军方使用。由于该场地位于阿尔卑斯山山脉，地形复杂，有很好的军事传统。据公开报道，世界军事滑雪锦标赛和一些军事训练营常在这里和周边举行（图3.4）。

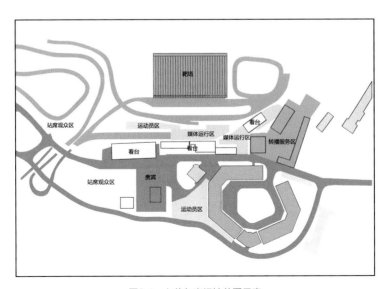

图3.4　上菲尔岑场馆总图示意

3.1.7　鲁波尔丁冬季两项场馆

德国鲁波尔丁冬季两项场馆是和跳台滑雪中心一起布置。该场馆群也是由从西至东一条两车道小路（305号公路）为整个赛区提供交通支持。比较有意思的是，大型停车场基本设在路的北侧，南侧从场馆群到305号公路只有消防通道相连。游客从305号公路北侧停车场下来后，向西步行后南折，通过两个木屋餐厅，向西走向这个场馆群。这时有一个冬季两项的雕塑引导，抬首会看见跳台滑雪中心。再向前会看到一座拱桥，这座拱桥实际上是赛道的一部分，同时非常巧妙地解决了人流交通交叉的问题。拱桥的钢结构节点和木结构非常有特点，后续的技术楼也延续了这一特点。进入之后场地微地形发生变化，建筑巧妙地适应高差，先是走上屋面，旁边是下沉庭院，再延续向西走上素混凝土看台，靶场和惩罚圈就出现在面前。需要说明的是，鲁波尔丁冬季两项场馆的赛道由于地形限制，都是向西南方向延伸的。场馆坐北朝南，对应的靶场坐南朝北，这个是少有的向南射击的靶场（图3.5）。

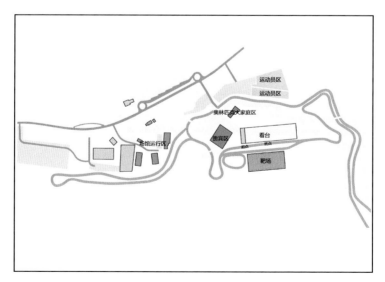

图3.5　鲁波尔丁场馆总图示意

3.1.8　奥伯霍夫冬季两项场馆

德国奥伯霍夫冬季两项中心的总图布局非常有特点。其中最大的特色在于冬季两项场馆和室内滑雪场一同布局，实现了场馆冬季和夏季训练的无缝衔接。其中冬季两项场馆位于L1128公路北侧，路北有很大的高差。从路上看室内滑雪场只能看到顶部。在室内滑雪场和冬季两项中心的起终点区中间，有一个大型的人工水面，主要用于蓄水和造雪。人工水面西侧是停车场，雕塑和滑雪学校。从停车场向下走，能达到冬季两项中心的技术楼，实际上也是咖啡店（图3.6）。

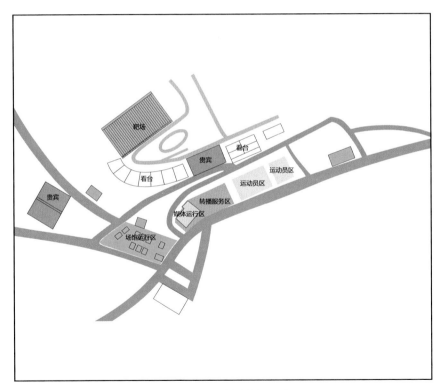

图3.6　奥伯霍夫场馆总图示意

3.2 技术楼

技术楼是冬季两项场馆的大脑中枢。技术楼的功能大体基本类似，根据各城市和场馆运营特点局部会略有不同。技术楼一般而言至少会包含技术官员办公室、领队办公室、奥林匹克大家庭休息室等功能。

3.2.1 平昌冬奥会冬季两项场馆技术楼

2018年平昌冬奥会冬季两项中心技术楼的B1层安排了设备、枪支储藏室、弹药储藏室、竞赛管理办公室以及卫生间。在技术楼的1层，占据中心位置的是奥林匹克大家庭（Olympic Family Service），紧邻奥林匹克大家庭的是规则办公室（Protocol Office）和庆典办公室（Ceremonies Office），在两侧是通信设备和移动设备的房间。技术楼东北侧为评论席，技术楼东侧为公共服务和媒体服务。这里面包括观众的医疗室、票务服务、轮椅储藏、公众信息、销售、休息区和员工点心屋。平昌冬奥会冬季两项中心的看台全部朝北，最东侧还有2100平方米的站台。

平昌冬奥会冬季两项中心技术楼的2层则布置了国际冬季两项联盟主席办公室、国际冬季两项联盟秘书长办公室、国际冬季两项联盟的会议室和茶歇处、裁判办公室、裁判会议室、计时系统办公室、场馆经理办公室、场馆经理助理办公室等。由于造型原因建筑局部有悬挑，柱落在房间内。特别是国际冬季两项联盟主席办公室和场馆经理办公室进门各有一根大柱子，不太合理（图3.7）。

3.2.2 索契冬奥会冬季两项场馆技术楼

2014年索契冬奥会劳拉越野滑雪&冬季两项中心的技术楼地下1层、地上5层。其中，地面1层包括媒体中心、摄影用房、电信用房、安保用房、庆祝仪式

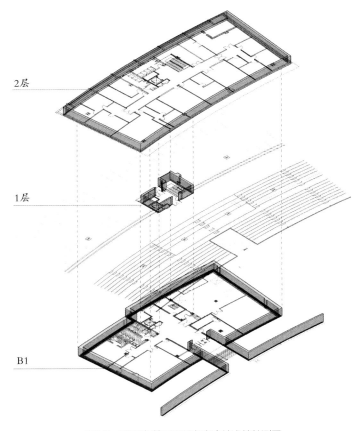

图3.7　2018年韩国平昌冬奥会技术楼轴测图

办公室等。技术楼东侧为媒体会议室和领队会议室、卫生间等。楼外东侧场地停放雪地摩托和雪地车。技术楼2层标高为5.1米，平面功能布置包括财务办公室、场馆经理办公室、场馆交流中心、奥林匹克运动会组织委员会办公室、会议室、国内裁判办公室、技术代表和国际裁判室、技术服务办公室、储藏室、竞赛官员办公室、竞赛主任和助理办公室、竞赛首席办公室、卫生间等。技术楼3层标高9.6米，布置有广播室若干、VIP室、奥林匹克大家庭、卫生间等。技术楼4层标高13.2米，布置有摄影控制室、运动解说室、评论室、IBU和RBU会议室、IBU主席办公室、IBU办公室、RBU主席办公室、RBU办公室、申诉室、卫生间等。技术楼5层标高16.8米，布置有11个2.4米×6.1米的临时评论室和VIP室、安保室、卫生间等。

另外，技术楼利用高差还有一个-6.0米层，主要是用于人流分流。其从西向东分别为运动员出发区入口、观众入口、无障碍观众入口、运动员兴奋剂控制/医疗服务/VIP入口、运动赛事和职员入口、SVIP入口、媒体和VIP入口。该层有2个地下通道，其中一个地下通道通往终点区赛道、靶场和媒体区，另一个通道通往出发区赛道。比较有特色的是，通道里设置了卫生间和枪支控制室（图3.8）。

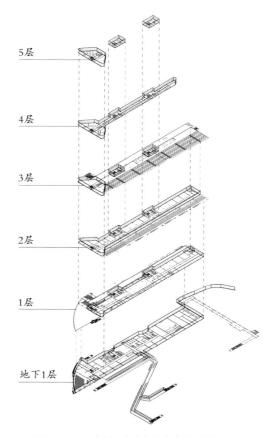

5层
4层
3层
2层
1层
地下1层

图3.8　2014年俄罗斯索契冬奥会技术楼轴测图

3.2.3　温哥华冬奥会冬季两项场馆技术楼

2010年温哥华冬奥会冬季两项中心，是一组永久建筑和临时建筑的群落。特别是冬季两项的技术楼，功能分布在若干体块之中，整体起到了技术楼的作用（图3.9）。

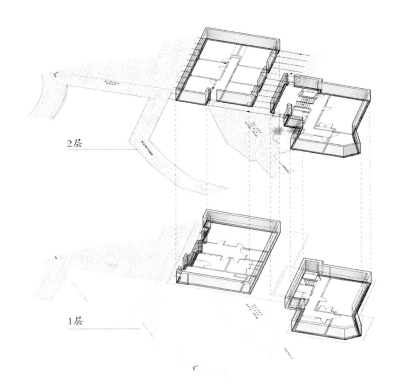

图3.9　2010年加拿大温哥华冬奥会技术楼轴测图

3.2.4　奥伯霍夫冬季两项场馆技术楼

德国奥伯霍夫冬季两项场馆的技术楼比较有意思，是和游客中心结合在一起，和靶场与赛场相比，其高度较高，能够俯瞰全局，对整体赛事进行播报。准确地说，现场核心的广播等是在木屋附近，而位于山坡高处的建筑更是起到统领全局的作用。奥伯霍夫的木屋在平时作为酒馆使用，里面布置着冬季两项比赛的照片和留下的雪橇、枪支与旗帜，非常有冬季两项气氛。酒馆正对起终点区和靶场，在咖啡厅里能听见枪响。可能由于是山谷的原因，这里听到的枪声感觉比其他场馆要大且悠扬。挨着咖啡厅的是钢结构看台，赛时可作为临时评论席。由于高差，其实木屋下方还有一层，作为技术管理用房，这层前面有露台，左、右两侧和下方为坐席。由于整个场地因山就势，台阶顺着地形而成，非常自然。露台上铺满小石子，走起路来沙沙作响，在雪季有一定的防滑作用。这里的护坡都是自然放坡加上木材固定，有浓郁的森林小镇气息。

奥伯霍夫冬季两项场馆技术楼（图3.10、图3.11）在坡上，是一座3层山地建筑。其中，2层面向北侧交通主路开口，1层顺着地形面向南侧道路开口。其整体是采用构成手法的一个方盒子，里面有信息中心、休息区、会议室、办公室、卫生间、更衣

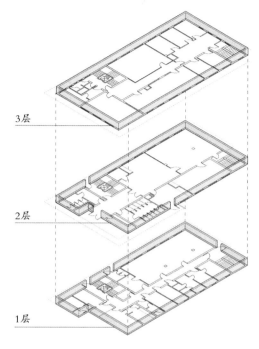

3层

2层

1层

图3.10　奥伯霍夫技术楼轴测图

图3.11　奥伯霍夫冬季两项场馆技术楼

室等，流线清晰，功能适用。正对技术楼的是奥伯霍夫冬季两项场馆的停车场，十分便利。停车场周边有一对高大的橙色雪橇雕塑，还有一些木头作为材料的小型建筑和雕塑。周边的建筑里提供餐饮和售卖服务。

3.2.5 鲁波尔丁冬季两项场馆技术楼

德国鲁波尔丁冬季两项场馆技术楼处于森林环抱之中，局部建筑采用当地木制表皮做装饰，非常原生态。通往建筑的步行道路是灰色的石子，旁边有木制栏杆引导，人从体育场馆入口可以自然而然地走到冬季两项的入口，也就是一座拱桥。这个混凝土拱桥设计十分别致，下面的支撑结构是木结构，木结构下方的基础又是混凝土结构。桥上是冬季两项运动员的赛道。穿过桥洞，就着蜿蜒小路起坡通往场馆的技术楼。技术楼分前院和后院。后院是一条沥青路，通往技术楼1层，布置有技术服务等用房。另外，公众流线从此分流，一部分顺着贴有木片的混凝土墙引导至看台区，另一部分直接从楼梯上看台区。其旁边设置有卫生间，便于人群使用。走过混凝土片墙和连廊，则是大平台，在赛时会设置成临时坐席。

德国鲁波尔丁冬季两项场馆技术楼（图3.12）主体正对起终点区和靶场，

图3.12 鲁波尔丁冬季两项场馆技术楼

但有意思的是，场馆经理、技术支持和裁判等房间都设在了西翼，而技术楼最大体量部分平时作为一家餐厅使用。建筑向外悬挑一个大大的雨棚，由钢结构支撑，雨棚屋面用木饰处理，下面平时可布置座椅供室外用餐。走进餐厅是一个两层通高的空间，有木制的楼梯通往夹层。雨棚前的空间赛时全部作为临时坐席。雨棚上面也有钢制的楼梯通往顶层，在赛时最上面会设置临时评论席。在2层的连廊下设置了公共卫生间，供公众使用。技术楼的北侧居然巧妙地挖出一个庭院，向北多伸出一跨设置了车库。在北侧是停车场，赛时作为电视转播和媒体的营地。技术楼西翼的用房随着地形更低一些，一共2层，地面层有局部的架空，在南侧用房的室内看全场视线畅通无阻，能兼顾起终点区和惩罚圈。技术楼西翼的西侧是VIP区域，在赛时会搭建临时设施，来技术楼观赛非常便利。

3.2.6　上菲尔岑冬季两项场馆技术楼

奥地利上菲尔岑冬季两项场馆在山谷峡地中，距离场馆1公里处有一个具有浓郁阿尔卑斯山区风格的标识。这里交通出乎意料地便利，除了有火车能到达，停车场地预留很充足。进入之后距离场馆不远处有一座2层的汽车库和停车区。紧邻技术楼还有一座2层汽车库和停车区。笔者向当地居民打听情况得知，这也是军队联合使用区域。向里越过有数条道路下穿的小桥，即可到达技术楼。

技术楼风格设计得很现代，一共4层，外观由金属铝板和玻璃组成（图3.13）。由于地形是西低东高，建筑底座随着道路和地形缓缓上升，向南一侧由金属板包裹，向北侧则是运用看台变化来消解高差。技术楼1层主要是场馆管理和设备用房，少量休息区。2层有IBU的管理用房、技术用房和卫生间。3层最特别的是有一个VIP大包间，视野开阔，可俯瞰全场，也可以随时走出去通过阳台室外观赛。VIP包间里有大沙发，里面有小厨房，服务非常便利。4层主要是各种评论席和转播间。笔者进入每个评论席测量尺寸和感受空间，感受各席位还是有一定的差异。场馆经理也告知不同位置的费用也有一定的差异。该场馆管理人员非常

图3.13　上菲尔岑冬季两
项场馆技术楼

友好，待笔者说明是设计2022年北京冬奥会冬季两项中心的设计师要考察一下之后，场馆经理和秘书拿着钥匙打开了所有的房间门，并带我到赛道设施逐一讲解，最后笔者送了一副京剧脸谱的书签以示感谢。

　　值得一提的是该技术楼不同于其他技术楼的地方，那就是技术楼和南侧的综合楼通过地下通道形成一个综合体。技术楼底部有若干运动员的康复、休息和健身用房。有天气不好时室内的运动场地、小型靶场，也有模拟滑雪的机械设备。通过地下通道和建筑南侧的综合楼相互连通。南侧综合体有会议室、休息室、按摩室、打蜡房和大量宿舍。赛时可以供运动员、教练员使用，平时也可为军队使用，做到了平战结合。这种用法既节省了一些奥运会设置临时运动员营地的费用，更好地保障了比赛基础设施的水准，同时又和冬季两项的"初心"保持一致——军民两用。需要指出的是，这种契机源于多种因素，不能盲目照搬。冬季两项在当地有非常高的市场认可度和群众基础，上菲尔岑冬季两项比赛期间仅现场观众就有3万余人，冬季两项世界锦标赛长期在这里设立站点。与此同时，向东上菲尔岑还有军队的若干设施，这里作为军民两用场地具有天然的土壤。

3.3 靶场

冬季两项的靶场一般位于技术楼的对面，技术楼及周边会在赛时增加临时看台，供观众观看靶场射击的竞赛场面。冬季两项中心的靶场要求已在第2.3节对场地和空间的要求里介绍过，在此重点介绍一下靶场的地下流线和周边设施、靶场的射击系统和防弹玻璃。

由于技术楼和靶场之间往往会设置赛道和场馆起终点区域，为避免赛事管理者、新闻媒体从业人员穿越赛道与运动员流线交叉，往往会设置地下通道。通道出入口处的设计各有不同，有的会设置滑动的防雪罩，有的直接用木板。2018年平昌冬奥会的场馆与奥地利上菲尔岑场馆的地下通道，均设置3个出入口，一个出入口设置在技术楼，一个出入口连通靶场区，还有一个出入口连通媒体区/教练区（图3.14、图3.15）。2014年索契冬奥会设置了2个通道，一个通道连通技术楼和出发区，另一个通道则连通技术楼、教练员席以及靶场旁边的媒体摄影区。2010年温哥华冬奥会则没有设置地下通道。

靶场的周边设施主要包括记时记分系统、设备储存房间、热身用房等，还有一些临时性的摄影或转播席位。在面向靶子的右手方向，通常会设置摄影和摄像席位。因为先进入惩罚圈的选手一般会选择使用右侧射击靶位，这样的布置能够方便媒体捕捉到最为精彩的画面（图3.16）。在靶位的背后则通常设置媒体席、教练席和贵宾席，这个区域距离运动员射击的位置最近，方便教练进行指导，也方便媒体和贵宾观众近距离观看比赛（图3.17）。

此外，靶场的周边设置布局除了第2章提及的赛制要求之外，还和两个因素非常相关：一是地形和规划条件，尤其是和场地惩罚圈的相互位置有关；二是和赛事工艺有关，主要是与计分系统和电视转播的要求相关。例如，2018年平昌冬奥会，由于地形因素，在靶场东侧不再适合布置惩罚圈，规划将惩罚圈设在

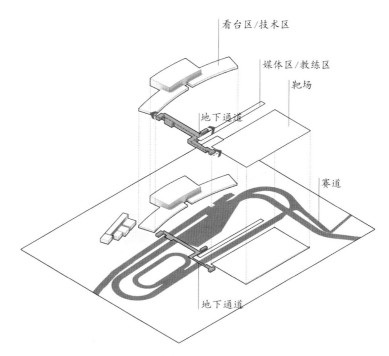

图3.14　2018年平昌冬奥会国家冬季两项中心地下通道分析

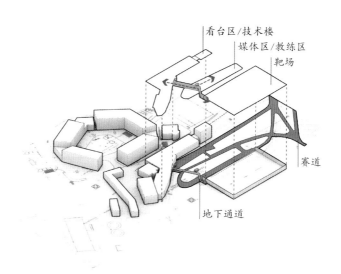

图3.15　上菲尔岑场馆地下通道分析

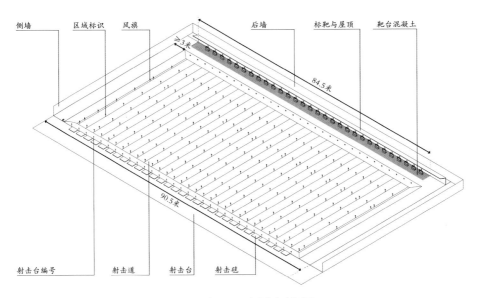

侧墙　区域标识　风旗　后墙　标靶与屋顶　靶台混凝土

≥3米

84.5米

90.5米

射击台编号　射击道　射击台　射击毯

图3.16　冬季两项中心靶场轴测图

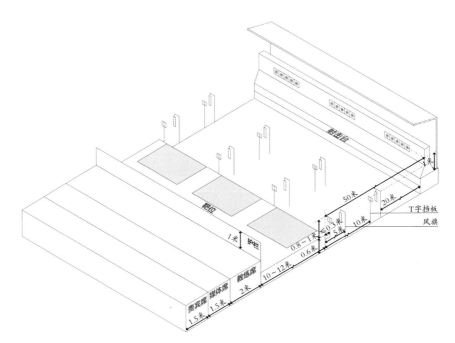

射击台

靶位

1米　护栏

50米

20米

T字挡板

风旗

0.3米

0.5米

10米

0.8~1米

0.6米

10~12米

2米

教练席

媒体席

贵宾席

1.5米　1.5米

1米

图3.17　冬季两项中心靶场剖面轴测图

靶场的东南角即地势相对平缓的场地，在靶场东侧设置了225平方米的热身区和300平方米的运动设备储存区，同时东北侧留了一个卫生间。东南通道入口东侧有一个录像转播支持用房。靶场西侧布置了一个30平方米的记时和计分系统房间。平昌冬奥会冬季两项的靶场共设置30个靶子。2014年索契冬奥会冬季两项用地非常紧张，靶场区域实际上已经嵌入山体，周边没有条件再做惩罚圈，因此在靶场的东南角即地形相对平缓处设置惩罚圈。索契冬奥会靶场周边设施主要都设置在靶场东侧。2010年温哥华冬奥会靶场区域用地相对平缓舒展，因此惩罚圈设在了靶场的东侧，在靶场和惩罚圈之间设置了计分和记时系统房间及管理用房、摄影席位等。靶场西侧设置了录像转播席位等。

需要说明的是，如果举行冬残奥会的冬季两项比赛，则靶场要求会不尽相同，具体要求详见本书第6章。

最后需要提及的是防弹玻璃。通常情况下，冬季两项的靶场后方多为山体，后面不布置赛道（如2010年温哥华冬奥会和2014年索契冬奥会）或在地形基础上加设高大的靶场防护设施，确保靶场后方的安全。考虑到冬季两项的赛制，往往最后冲刺和打靶的瞬间是冬季两项运动员竞赛最焦灼、观众观赏最刺激的一刻。从竞赛现场观看和转播的角度，需要适当地延长一下这种高峰时刻的感受，有必要考虑通过适宜技术在现场增加最后运动员冲刺的时间。有的靶场会设置桥梁，让运动员在最后转个弯，通过桥梁的瞬间也相当于提示要冲刺了。这是一个很富有智慧的设计，不仅延长了最后的冲刺时间，还巧妙地解决了运动员流线交叉的问题。但当大多数场馆都如此设计时，奥斯陆冬季两项中心又提供了另外一种思路，即在靶场后方设置防弹玻璃。运动员通过防弹玻璃滑行的瞬间，能被观众所看到。而运动员打靶时看到有其他运动员正飞速滑过来，又让竞技场面更加刺激。防弹玻璃的出现使安全性和观赏性找到了一个平衡点。在2022年北京冬奥会上，国家冬季两项中心也沿着山体在靶场北侧设置了防弹玻璃。

3.4 赛道与场馆起终点区

冬季两项中心的赛道设计需要考虑以下几点。

首先，赛道要满足竞赛的基本要求。

其次，赛道的设置会充分考虑与自然环境的融合，让运动员随着地形在山谷树林里穿梭。例如，鲁波尔丁的赛道和所处的森林、山脉、小溪融合为一体。赛道随着地形时而升起、时而回转。在夏天，赛道就转换为山地自行车道，由于景观丰富、趣味性强，吸引了很多爱好者。在规划设计时要统筹山、水、林、田、湖、草等各景观要素；在赛道设计时，要因地制宜地细致勘察，必要时赛道设计需要采用特殊操作来回应，如要考虑避让拟选定赛道中的树木，要考虑山谷多变的风向，要考虑泉水对赛道的侵蚀等。

再次，赛道设置需要考虑人体工学的体验，特别是运动员的肌肉记忆。所以赛道的设计需要考虑它的使用者，特别是运动员的感受。例如，2022年北京冬奥会的赛道设计，就是由建筑师和国际冬季两项联盟的专家现场联合踏勘，沿途用小彩旗标注，然后再让测绘单位进行赛道的精准测绘，设计进行绘图。等赛道初步推出来后，国际冬季两项联盟的专家再过来和建筑师一起反复现场打磨。一些趣味性的回旋、起伏等是靠现场用肌肉记忆去启发赛道的设计。这种基于使用者体验的设计方法，会比单纯从计算机到图纸的设计优越很多。之后再根据需要多次踏勘，国际冬季两项联盟的专家和建筑师根据连续体验的状态进行赛道的修改。据IBU专家介绍，在温哥华和平昌，他们采用的也是这种设计方法。

最后，还需要考虑赛道重要节点的对景关系。赛道和场馆起终点区的场地空间处理，是冬季两项中心规划设计的一个重点。为了让尽可能多的现场观众能看到最后的冲刺，一般会让技术楼和临时看台尽可能面向和靠近赛道。如果赛道方向有对景的元素，如山峰、历史遗迹或人工跳台等，会显著强化转播时的地域性和趣味性因素。鲁波尔丁的场馆起终点区和赛道对景是东、西两座山头的顶峰，让观众一看画面就知道这个比赛是在鲁波尔丁进行的。例如，2002年盐湖城冬奥会，周边缺少视觉对景元素，整体转播画面体验就相对平淡一些。而2022年北京冬奥会国家冬季两项中心起终点区，东对明长城遗址，西对作为标识性的人工设施"雪如意"，让奥组委和专项组织的专家印象深刻。

冬季两项中心起点和终点在空间布局上紧密结合。起终点区和赛道的关系非常有趣，主要是随整体规划和地形变化，产生出多种组合。既有经典的单面环绕的，也有双面组合环绕的，还有和其他赛道合用的。近几届的冬奥会冬季两项中心的起终点区和技术楼往往通过地下通道联系起来（如2018年平昌冬奥会和2014年索契冬奥会），早期的冬奥会冬季两项中心起终点区和技术楼则没有地下通道（如2010年温哥华冬奥会和2002年盐湖城冬奥会）。对于专业的世界锦标赛场馆的冬季两项中心，绝大多数都在赛道下设有地下通道联系起终点区和技术楼（如鲁波尔丁、奥伯霍夫、上菲尔岑等地的冬季两项场馆）。

关于起终点区的基本空间要求，在第2.3节做过详细介绍，在此结合几届冬奥会的场馆赛道和起终点区做一些必要的补充介绍。

冬季两项的起终点区大都位于靶场和技术楼与临时看台之间，2018年平昌冬奥会冬季两项的起终点区也是如此。赛道围绕靶场，起终点区位于技术楼的北侧，起点区位于西侧，并且细致地划分了个人赛和集体赛起点区，终点区最端头还有仪式庆祝区。起点和终点是两条平行赛道。平昌的起终点区另外一个特点是，由于地形原因，起终点区和惩罚圈是整合在一起设计的。这样带来的一个缺点就是技术楼和临时坐席与看台跟靶场的距离会拉远，让现场观众没有温哥华和北京冬奥会冬季两项中心那样近距离的体验和感受（图3.18）。

2014年索契冬奥会冬季两项的终点区靠近技术楼，起点区在靠外侧位于靶场和技术楼之间。索契冬奥会冬季两项的一个特色是有2个地下通道的出入口位于起点区域。同样由于地形原因，惩罚圈位于靶场和技术楼之间，这样让靶场和

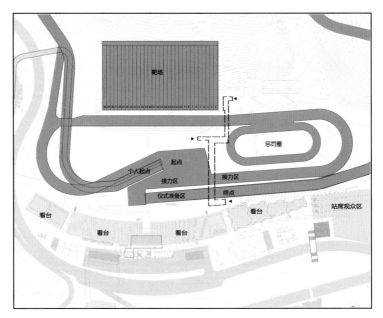

图3.18　2018年平昌冬奥会冬季两项中心的起终点区与观众席示意

技术楼、临时坐席的距离过远（图3.19）。

　　2010年温哥华冬奥会冬季两项场地由于地形相对平缓，惩罚圈位于靶场东侧，这样技术楼和靶场之间距离更为紧凑。终点区紧邻观众席，起点区位于终点区的北侧。由于地形原因，大部分赛道都布置在起终点区的西侧。其缺点是由于没有设置地下通道，有流线交叉的问题（图3.20）。

　　2002年盐湖城冬奥会冬季两项场地由于地形原因，将惩罚圈设置于靶场的东南角。这样的设计让技术楼和临时坐席距离相对更远。区别于2014年索契冬奥会和2018年平昌冬奥会的是，2002年盐湖城冬奥会冬季两项中心采用非平行布置赛道的方式，靶场及赛道和起终点区赛道有一个小的夹角。这样的布局也让观众席和靶场形成一个夹角，而非平行于靶场。同样由于没有设置地下通道，其存在流线交叉的问题（图3.21）。

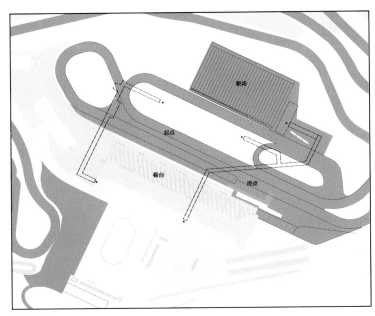

图3.19　2014年索契冬奥会冬季两项中心的起终点区与观众席示意

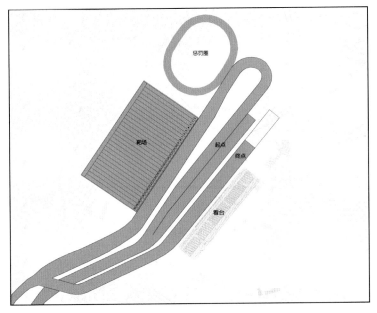

图3.20　2010年温哥华冬奥会冬季两项中心的起终点区与观众席示意

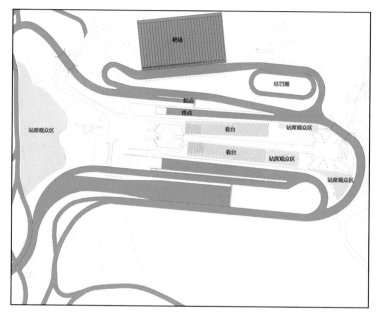

图3.21　2002年盐湖城冬奥会冬季两项中心的起终点区与观众席示意

3.5 媒体运行和转播服务

媒体运行区和转播服务区不仅在冬季两项运动，在所有举办奥林匹克运动赛事的设施规划设计中都占有重要位置。冬季两项运动的媒体运行区主要供媒体现场工作使用，转播服务区则主要是将比赛转播到全世界。例如，2018年韩国平昌冬奥会就设置了相对集中的媒体中心和媒体发布会场。媒体中心内有约420个坐席的办公区域。媒体中心北侧有媒体发布会场，约150个坐席。同时，又设置了6093平方米的媒体转播区提供转播服务，同时东侧留有500平方米的媒体信息区。其中，转播服务区提供一片空地，而转播管理办公室和技术操作中心是以小屋形式出现，奥运转播中心的早餐和餐饮服务在帐篷中（图3.22）。2014年索契冬奥会冬季两项中心，是在技术楼的南侧设立了4410平方米的转播服务区（图3.23）。2010年温哥华冬奥会由于地形原因，媒体转播区离赛场较远，得沿路穿过运动员营地和场馆运行区域才能到达赛场。当然，在赛场的坐席边还是有评论席的（图3.24）。

　　由于赛事的竞赛特点和转播需要，在赛场和坐席周边也会有媒体运行和转播服务区域，面积相对比较小。例如，坐席边的评论席一般是临时建筑搭建而成，赛后都会拆除；还有在靶场、惩罚圈、赛道重要位置、起终点区和仪式区等都会安排一些。这个会根据OBS的要求并根据场馆的具体特点反复磨合。

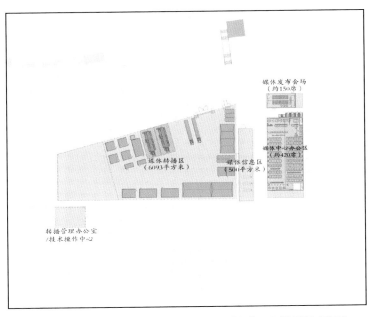

图3.22　2018年平昌冬奥会冬季两项中心的媒体运行区和转播服务区示意

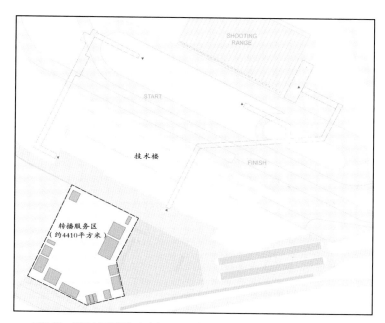

图3.23 2014年索契冬奥会冬季两项中心的媒体运行区和转播服务区示意

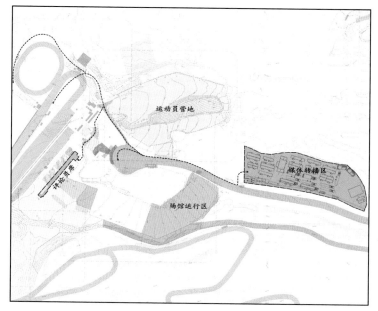

图3.24 2010年温哥华冬奥会冬季两项中心的媒体运行区和转播服务区示意

3.6 永久设施和临时设施

为降低建设投资，同时考虑赛后灵活利用，冬奥会往往会有很多临时设施。

其实不仅冬奥会，冬季两项世界锦标赛也会在赛时期间增加很多临时设施，笔者在上菲尔岑调研时，工作人员告知平时场馆大约只有四十余名职员，在举行冬季两项世界锦标赛期间，加上志愿者在内的场馆所有赛时服务人员会达到700人左右。同时，随着赛事的举行，很多活动也会在这里一并举行，需要大的帐篷和临时建筑。

临时设施大致可以划分为如下几种类型。

帐篷：赛时的媒体大厅、转播场院中的工作空间，以及一些观众暖棚等观众服务设施通常采用帐篷形式。帐篷搭设方便，且能提供连通的室内大空间。这些帐篷通常采用钢结构与软性材料结合，采用坡屋顶建筑形式，其缺点是不稳固。平昌冬奥会期间，媒体工作的空间与举办新闻发布会的空间本来是两顶帐篷，后来因为大风，其中有一顶帐篷被吹毁，只能合并在一顶帐篷中工作。

集装箱：常用在运动员场院和转播员席中。根据参加冬奥会的队伍数目，利用集装箱搭建运动员打蜡房，这类临时设施的好处是建设迅速，能提供相对独立的空间。各队伍的打蜡技术常常需要对其他队伍保密，因此，相对独立的小隔间对于运动员极为重要。转播员席通常是临近终点区的一栋小楼，每名转播员拥有单独一个隔间。在冬残奥会中，因参赛队伍较少，运动员通常只使用一层的运动员打蜡房。转播员席为满足无障碍要求，则需配备电梯。

此外，各类仅供赛时使用的功能，如仪式办公室、观众卫生间、售卖亭等也经常采用临时建筑。各场馆因其办赛实际情况不同，永久设施与临时设施的具体设置也有所不同。

3.7 冬季两项代表性场馆介绍（表 3.1）

国际冬季两项联盟官方网站中认证的场馆　　　　表3.1

场馆名	场馆所在地区	位置	海拔高度（m）	场馆容量（座）
古杨树场馆群 The Kuyangshu Nordic Center and Biathlon Center	崇礼 Chongli	中国	1665	6019
瑞典厄斯特松德国家冬季两项竞技场 Swedish National Biathlon Arena	厄斯特松德 Östersund	瑞典	355	6000
上菲尔岑冬季两项竞技场 Hochfilzen Biathlon Stadium	上菲尔岑 Hochfilzen	奥地利	1010	10500
西尔维亚·贝卡特体育场 Stadium Sylvie Becaert	大博尔南 Annecy-Le Grand Bornand	法国	928	4000
图林根乐透体育场 DKB-Ski-Arena	奥伯霍夫 Oberhof	德国	814	12000
基姆高体育场 Chiemgau Arena	鲁波尔丁 Ruhpolding	德国	710	12000
南蒂罗尔冬季两项中心 Südtirol Arena	安霍尔茨 Antholz	意大利	1634	13010
孔蒂奥拉赫蒂冬季两项中心 The Kontiolahti stadium	孔蒂奥拉赫蒂 Kontiolahti	芬兰	120	15000
霍尔门科伦滑雪场 The Holmenkollen Ski Stadium	奥斯陆霍尔门科伦 Oslo Holmenkollen	挪威		
特万迪体育中心 The Tehvandi Sports Center	奥泰佩 Otepaeae	爱沙尼亚	149	6000
士兵谷北欧两项中心 Soldier Hollow	士兵谷 Soldier Hollow	美国	1695	
奥伯冬季两项馆 Arber biathlon venue	奥伯 Arber	德国	1035	

3.7.1 德国奥伯霍夫图林根乐透体育场

德国奥伯霍夫的图林根乐透体育场是世界上最著名、世界杯赛事中观赛人数最高的冬季两项场馆之一。其前身是成立于1953年的一个军事训练基地，自1958年以来，冬季两项运动员就开始在这里进行训练。1982年，奥伯霍夫的冬季两项竞技场馆建成，并于1984举办了第一届冬季两项世界杯比赛。自1999年以来，每年世界杯比赛都会在奥伯霍夫举行，而场馆也经历了数次改扩建。1992年，场地首次进行了设施的现代化改建，2003年，看台和技术楼改建完成，已经可以达到承办最高规格赛事的要求；在随后的几届世界杯中，场馆对转播区域、看台容量进行了小调整，并于2023年重新布置了起点和惩罚圈，扩充了观众席，并建造了两座新功能建筑[1]。

该冬季两项中心位于德国奥伯霍夫市2.5公里的山区森林中。起终点区、惩罚圈和靶场的海拔为814米，雪道位于海拔774~839米的地方，高差为64米，其线路也因此被认为是世界杯赛场中最为困难的一个。该冬季两项中心的总面积为20.5公顷，冬季两项赛道的总面积为12.9公顷，该冬季两项体育场与靶场和看台的总面积为2.6公顷，其他设施的建筑面积为5公顷。周边还有停车场、通信设备等功能性空间。扩充后的体育场看台可容纳13000名观众，赛道沿线还设有约12000个支持者座位；并设有商店（食品、衣服、商品、纪念品等）、厕所、服务设施、儿童娱乐场所、急救站等。场地中还包括竞赛办公室、兴奋剂办公室、裁判办公室、运动员测试区、团队打蜡房、教练和混合采访区。场地能够为运动员队伍提供足够数量的停车场，并为参赛者提供贵宾楼、餐厅、会议厅、客房和"冬季两项大家庭"俱乐部。新闻中心位于体育场馆区，为电视和其他设备提供了所需的场地，以确保为高质量的电视广播和报道提供最大的舒适条件（图3.25、图3.26）[2]。

奥伯霍夫的冬季两项中心是将竞赛场地、办公区、媒体区、酒店等功能空间进行紧凑设计、保证高水平国际竞赛的代表。但与此同时，该冬季两项中心也面

图3.25　奥伯霍夫图林根乐透体育场技术楼

图3.26　奥伯霍夫图林根乐透体育场

临着运动员训练设施不发达（如缺乏体育馆和健身房等），以及旅游设施偏远（酒店、餐馆、娱乐设施位于奥伯霍夫镇，与比赛举办地有一段距离）的问题。

3.7.2 芬兰孔蒂奥拉赫蒂冬季两项中心

芬兰孔蒂奥拉赫蒂冬季两项中心是北欧五国中最大的冬季两项中心。这里原本是成立于1956年的一个体育俱乐部，自20世纪80年代以来，原本的体育综合体逐渐变成了冬季两项中心。

孔蒂奥拉赫蒂小镇位于芬兰东部，该冬季两项中心位于城市以南5公里处，距离最近的约安苏机场约25公里。它位于Hytiainen湖的岸边，场地位于海拔120米处，赛道的海拔在90~126米。孔蒂奥拉赫蒂冬季两项中心总面积为23公顷。目前孔蒂奥拉赫蒂冬季两项中心包括可容纳10000名观众的看台区，拥有30个靶位的靶场，主竞赛楼内包括办公室、贵宾休息室和兴奋剂检查室以及其他服务空间等。主竞赛楼周边有新闻和电视中心、酒店和可容纳100名游客的餐厅。场地内配备有31个打蜡房以及足够的停车场地[3][4]。

孔蒂奥拉赫蒂地区拥有大片的湖泊、河流和高大的松林。被优美的自然景观围绕的孔蒂奥拉赫蒂冬季两项中心吸引力之一就是拥有自然的、未完全现代化的风景和举办高水平赛事的竞技场，但其缺点是场馆周围缺乏基础旅游服务设施，游客和观众每次只能乘坐公共交通工具到达比赛场地。

3.7.3 意大利安霍尔茨南蒂罗尔冬季两项中心

从游客视角出发，位于意大利安霍尔茨的南蒂罗尔竞技场是最具吸引力的冬季两项场馆。该场馆建于1971年，最初的目的是举办国家级比赛，由于其基础设施完善，在1973年时就已经开始承办国际比赛。

南蒂罗尔冬季两项中心位于意大利东北部与奥地利接壤的博尔扎诺省的Rasun-Anterselva小镇，距离最近的博扎诺机场有60公里。该冬季两项中心毗邻Antholzer See湖，这里是世界上海拔最高的冬季两项体育场之一，海拔达到了1634米。尽管其海拔很高，但高差相对较小，赛道海拔在1626～1673米，高差为47米。冬季两项中心总面积为27.2公顷，赛道总面积为18.7公顷，场馆与靶场、看台面积共计2.8公顷，其他服务设施占地约5.7公顷。该冬季两项中心布置较为紧凑，其他服务设施被设置在赛道区域内。经过2007年的翻新，该冬季两项中心的看台可以提供10000个坐席和5000个沿赛道布置的支持者席位，包括有30个靶位的靶场、长度不同的赛道、惩罚圈、测试区和打蜡房。场地内还为运动员、教练员、技术代表和贵宾准备了加热帐篷、食堂、休息室和俱乐部"冬季两项大家庭"。其中，冬季两项中心的新闻中心较大，配备有先进的媒体基础设施和会议空间，并设置有办公区、餐厅、酒店等服务空间。技术区包括车队停车位、电视设备及技术维修大楼。沿赛道还布置有商店、应急医疗站和警察站[5]。

总的来说，南蒂罗尔冬季两项中心实现了服务设施的全面高效布局，这里配备了冬季两项赛事所需的一切设施，还为青少年提供了越野和冬季两项培训学校以及为初学者提供设备租赁的体育用品商店。除此之外，场地内还设有现代化的健身中心，各种大小的会议室，精致的餐厅、酒廊等服务空间。这里与多洛米蒂山脉的其他7个度假区一起，联手创建了欧洲最大的越野滑雪区，不仅为运动员，也会游客提供舒适便捷的服务[6]。根据游客的评价，这里是中欧最受欢迎、游客量最大的冬季两项中心。但由于酒店和娱乐设施分布范围较广，也带来一些交通上的困难。另外复杂的高海拔赛道一定程度上影响了运动员的竞技表现。

3.7.4 奥地利上菲尔岑冬季两项竞技场

冬天被耀眼的白雪覆盖的山峰包围着，夏天被绿色的山地草甸所包围。上菲尔岑冬季两项运动场拥有IBU历史上最古老的赛道，是最现代的体育场之一，这里视野开阔，从体育场的任何位置都可以看到靶场和起终点区。自从1978年首次举办冬季两项世界锦标赛以来，提洛尔小镇每年在世界杯周都会热闹起来，体育爱好者们可以在此享受到极具当地特色的美食和音乐[7][8]。

3.7.5 德国鲁波尔丁基姆高竞技场

鲁波尔丁是坐落在一个绿色的山谷中，保留有乡村教堂和田园传统的巴伐利亚村庄。沿着蜿蜒的主街，到处都是路边咖啡馆、面包店和商店，以及穿着皮短裤的居民和穿着现代登山靴的游客。

基姆高竞技场是鲁波尔丁北欧滑雪运动的核心，这里不仅仅是一年一度的冬季两项世界杯的举办地，也是一个竞技表演中心。自1964年建成以来，该体育场经过了一次又一次的重建、扩建和现代化改建。上一次大规模翻新是在2012年冬季两项世界锦标赛期间，现在基姆高竞技场面积近16公顷，可以容纳23000名观众，其中看台席位有12000个，场馆的官方网站还配备有实时视频直播和360°全景影像技术。每年世界杯期间，这里回荡着欢呼的人群和音乐；而在每年非赛季，这里会举办由轮滑代替滑雪板的"夏季两项"世锦赛，帮助选手保持状态，吸引更多人参与户外活动[9]。

3.7.6 法国大博尔南西尔维亚·贝卡特体育场

大博尔南坐落在法国上萨瓦省阿拉维斯山脉的一个山谷中，是一个典型的法国山村。其日常生活围绕着中心广场展开。这里有大教堂、露天咖啡馆和每周一次的市场，以当地生产的雷布琼奶酪为特色。西尔维亚·贝卡特体育场是以前法国女子冬季两项运动员Sylvie Becaert的名字命名的场馆，它距离度假村中心仅几百米，地理位置优越，海拔1000米。该体育场全年用于一系列不同的活动，如环法自行车赛、滑翔伞着陆点等。它也是全法唯一获得国际冬季两项联盟颁发的A许可证的冬季两项场馆。场馆最多可容纳19500名观众，80%的基础设施在比赛结束后被拆除[10]。

3.7.7　瑞典厄斯特松德国家冬季两项竞技场

瑞典第五大城市厄斯特松德坐落于田园诗般的斯托舍恩湖（Lake Storsjoen）岸边，据说这里是传说中蛇形怪物的故乡。厄斯特松德国家冬季两项竞技场是瑞典国家冬季两项竞技场，坐落于Arctura的山坡上，有超过89公里的世界级冬季两项和越野赛道，这里是冬季两项世界杯的举办地。厄斯特松德冬季两项竞技场距离市中心仅2公里，距离机场有15分钟车程，交通十分便利。城市两旁林立着小商店、餐馆和传统的瑞典面包店，非常适合在寒冷的冬日享用快速热身小吃。竞技场周边设有运动员临时宿舍，由于国家冬季两项训练区的存在，许多与冬季两项相关的人士作为教练、训练员和设备供应商定居在厄斯特松德[11]。

3.7.8　挪威奥斯陆霍尔门科伦滑雪场

挪威首都奥斯陆在深蓝色的奥斯陆峡湾的海岸上像皇冠上的宝石一样闪闪发光，沿着市中心时尚的林荫大道可以从皇宫一直走到中央车站和海港。港口上有美丽的奥斯陆歌剧院，剧院的形态仿佛从水中升起，就像这座城市一样，遥遥指向坐落在遥远山腰上的霍尔门科伦。霍尔门科伦滑雪场是北欧体育界的传奇，其独特的跳跃塔的前身可以追溯到1892年木制滑雪板和石头跳跃坡道。在这里，每年都会举办冬季两项、跳台滑雪和越野世界杯，吸引成千上万的观众来到体育场欣赏挪威最受欢迎的体育项目[12]。

霍尔门科伦滑雪场是位于挪威奥斯陆霍尔门科伦的北欧滑雪、跳台滑雪和冬季两项场地。它由大型跳台滑雪山（Holmenkollbakken）、普通山（Midtstubakken）、越野滑雪体育场和冬季两项靶场组成。自1892年以来，在此举办一年一度的霍尔门科伦滑雪节，还举办了跳台滑雪、越野滑雪、北欧两项以及年度冬季两项世界杯比赛的一部分。在此曾举办过1952年冬奥会，以及1930年、1966年、1982年和2011年的FIS北欧世界滑雪锦标赛。其冬季两项的场馆是与越野滑雪场馆结合设计的，有大约10公里（6英里）的滑雪道，约为9米（30英尺）宽[13]。

3.7.9 爱沙尼亚特万迪体育中心

特万迪体育中心是爱沙尼亚奥泰佩教区的体育设施综合体。它包括多功能体育场（田径和足球）、滑雪场、跳台滑雪场和冬季两项中心。爱沙尼亚在2021—2022赛季首次主办IBU世界杯，特万迪体育中心曾举办世界青少年冬季两项锦标赛、欧洲冬季两项公开赛、欧洲冬季两项杯和世界夏季冬季两项锦标赛。这个有着悠久越野世界杯历史的场地，经过多年的改造、扩建和改进，已经成为一个现代化的冬季两项场馆。特万迪体育中心拥有IBU A许可证，可组织比赛和训练。[14][15]

3.7.10 美国士兵谷北欧两项中心

士兵谷是位于盐湖城东南85公里处的一个滑雪胜地，这里海拔将近1700.000米，作为2002年盐湖城冬奥会的主办地而受到全世界认可，2022年世界青年冬季两项锦标赛在这里举行[16]。

3.7.11 德国奥伯冬季两项场馆

奥伯冬季两项场馆坐落在巴伐利亚州爱森斯坦的奥伯，这里空气清新，冬季两项爱好者可以感受到著名的中欧冬季两项氛围。作为2022年IBU欧洲公开赛的主办方，奥伯冬季两项比赛场地为赛事顺利举办进行了重大调整，对体育场进行了扩建，并更新了造雪系统[17]。

3.7.12 俄罗斯索契冬奥会劳拉越野滑雪与冬季两项中心

2014年索契冬奥会劳拉越野滑雪与冬季两项中心位于洪波利亚镇的劳拉雪

场，该雪场2013年启用，可容纳7500名观众[18]。与都灵、温哥华不同的是，索契的冰雪产业并不发达，冬奥会中的大部分场馆均为新建场馆，稳定的客户群还没有产生；另外，其场馆多为政府投资项目，因此索契冬奥会劳拉越野滑雪与冬季两项中心的赛后运营定位为国家训练中心继续使用，并将持续承担举办大型赛事的职能。

城市系统决定了冬奥会场馆赛后利用所处的市场环境，索契人口总量不大，GDP和人均可支配收入偏低，其消费水平很难对冬奥会场馆形成有效需求，冬奥会场馆供给与当地居民有效需求不均衡，因此在赛后利用上主要依靠外部力量，赛后项目服务对象主要为外部访客而非当地居民。这与温哥华、盐湖城、长野等冬奥会举办城市存在较大差异。

3.7.13 韩国平昌冬奥会阿尔卑西亚越野滑雪与冬季两项中心

2018年平昌冬奥会阿尔卑西亚越野滑雪与冬季两项中心位于江原道平昌郡大关岭北部地区的阿尔卑西亚滑雪场，场馆是在原有建筑的基础上改建而成。该场馆最初是在1995年与相邻的越野场地一同建成，原名为江原道北欧式滑雪场，作为1999年亚洲冬季运动会的冬季两项比赛场馆投入使用，该场馆也在2013年的世界冬季特奥会上作为雪地徒步场地使用。该冬季两项场馆赛后恢复了原有度假村雪场的功能，并在非雪季作为高尔夫球场使用，灵活分割场地，承担多种赛事和活动，实现多功能服务使用[19]。

3.7.14 中国崇礼古杨树场馆群

2022年北京冬奥会古杨树场馆群位于张家口赛区，距太子城高铁站和冰雪小镇2公里，距奥运村2.5公里，距云顶滑雪公园7公里。场馆群占地面积420公顷，呈半围合式，群内集中布局了国家跳台滑雪中心、国家越野滑雪中心、国家冬季两项中心三个竞赛场馆。其中，国家冬季两项中心是2022年北京冬奥会和冬残奥会运行时间最长、产生金牌数量最多、情况最为复杂的场馆，也是古杨树场馆群三个竞赛场馆中唯一一个承担冬残奥项目的场馆，承担了冬奥会11个小项、冬残奥会20个小项的比赛，共产生49枚金牌，其中冬奥会11枚、冬残奥会38枚。

国家冬季两项中心场馆东西狭长，中心是核心区，包括靶场、技术楼、惩罚圈。赛道分为竞赛主赛道、残奥坐姿赛道及训练赛道等，总长8.7公里。赛道的选址充分考虑了观赛需求。竞赛时，运动员在两侧山坡间往返滑行，技术楼与看台位于山谷地势较低的地方，观众向东便可看到运动员在山谷间左右穿梭的身影。站在国家冬季两项中心的核心区放眼望去，西侧是冬奥会标志性建筑"雪如意"，东侧是明长城的古杨树段。不仅国内运动员能够体会到参与奥运、见证历史的自豪感，国外运动员也能充分领略中华文化的魅力。赛后场馆将继续承担高水平比赛，并在日常作为训练场地保持场馆正常运营[20]。

3.8 冬季两项小镇

地区承办大型活动被视为地方和区域发展的重要途径，承办活动能够打响地区招牌，进而吸引品牌入驻、招揽投资。相较于足球、篮球等大型竞赛表演业，冰雪运动产业的电视版权和赞助商规模所占市场份额都较低，冬季两项这一单一项目仅依托赛事平台的产业形式更难以形成规模化市场影响力。但冰雪运动往往能与当地旅游、餐饮、休闲、娱乐等板块相结合，形成"特色小镇"。德国奥伯霍夫、鲁波尔丁都是依托冬季两项运动形成的代表性冬季两项小镇。

3.8.1 以浓郁的冬季两项氛围形成小镇风格

位于德国中部图灵根州的奥伯霍夫是一个具有浓郁冬季两项元素的小镇，也是著名的冬季两项运动胜地。自19世纪以来，奥伯霍夫以其清洁的山间空气、森林步道和健身胜地而闻名，这里自1984年以来多次承办冬季两项世界杯和世界锦标赛，建设有用于比赛和训练的场馆和雪道。依托赛事平台和当地自然资源，奥伯霍夫开发了众多以冬季两项运动为主题的旅游产业，结合当地有名的如图林根香肠、啤酒，温泉游泳池疗养、山间度假屋、当地的矿泉水、全季训练赛道等，打造出以冬季两项为主题的特色滑雪休闲小镇。在小镇里随处能看见冬季两项的印记，滑雪馆内有各种吉祥物和训练参观通道，在夏天能近距离观看到运动员在这里雪上训练。当地的冬季两项酒馆室内挂满了冬季两项明星的运动衣和装备器械，窗外正在训练的赛场一览无余，浓郁的冬季两项运动氛围吸引了很多观众来这里小憩（图3.27）。

3.8.2　把握重大赛事节点，助力小镇旅游发展

鲁波尔丁是位于德国巴伐利亚州的一个小镇，其内的基姆高冬季两项场馆是当地冰雪运动的活动中心，每届世界锦标赛与世界杯期间，有上万名访客到访小镇，因此当地把握每年赛事带来的访客人流，推出包括自行车、冬季徒步越野在内的针对不同顾客目标的旅游项目，并将赛事门票售卖、巴伐利亚传统节日、美食与户外活动报名等项目联合组织起来，建立了形式多样而完善的旅游系统。同时，在这里建立了冬季两项训练营，在夏季直排轮滑代替滑雪，并设有激光射击系统，以此培养和选拔冬季两项后备人才。冬季两项训练营也为冬季两项职业选手提供场地、教练和资金支持。当地利用冬季两项这一赛事项目建立了从台上到幕后、从专业到休闲的完整的产业链，将商业与体育赛事的结合做到了极致。当地小镇也推出了冬季两项主题咖啡厅，在赛事期间这里转变为媒体中心使用（图3.28）。

图3.27 奥伯霍夫冬季两项小镇上的冬季两项咖啡馆、冬季两项标志、纪念牌售卖机和极富当地特色的建筑

图3.28 鲁波尔丁小镇路边的滑雪元素雕塑、面向群山的户外用餐区、路边路灯上冬季两项元素装饰及路边的冬季两项元素雕塑

3.8.3　突出地域特色体验和多元美食文化

冬季两项小镇能够为游客带来更多的地域特色体验，其中美食是最为典型的代表。游客可以在奥伯霍夫品尝到图林根香肠、火腿和当地啤酒，在安霍尔茨品尝松露和巴罗洛葡萄酒，在法国大博尔南品尝鹅肝与白汁烩小牛肉。除了地域化的饮食外，小镇上的餐厅品类多样、有包容性，让游客在此有选择的余地。例如，法国大博尔南有50多家餐厅，除了法式外还有意式、美式等多种选择。鲁波尔丁有40多家餐厅，大部分餐厅都会注明提供特别服务，对素食主义者友好，有纯素选择、无麸质选择等。同时，为了突出冬季两项小镇独有的自然资源，餐厅的环境品质特别重视人的行为与自然的互动关系，在鲁波尔丁，游客可以坐在户外的长椅上，面对着气势磅礴的群山进餐。

本章参考文献：

[1] 维基百科. 伦斯泰格河畔图林根乐透竞技场. [EB/OL].(2023-4-19). [2023-8-7]. https://de.wikipedia.org/wiki/Lotto_Th%C3%BCringen_Arena_am_Rennsteig.

[2] 图林根乐透竞技场官方网站. [EB/OL]. (2023-7-25). [2023-8-7]. https://www.winter-sportzentrum-thueringen.de/arena-am-rennsteig/die-sportstaette.

[3] IBU官方网站.孔蒂奥拉赫蒂冬两中心International Biathlon Union-Inside IBU Konti-olahti(2022-3-3). [2023-8-7]. https://www.biathlonworld.com/inside-ibu/sports-and-event/kontiolahti.

[4] 孔蒂奥拉赫蒂冬两中心官方网站Kontiolahti Biathlon. [EB/OL]. (2022-4-12). [2023-8-7]. https://kontiolahtibiathlon.com/en.

[5] IBU官方网站. 安霍尔茨冬季两项中心International Biathlon Union-Inside IBU Antholz. [EB/OL]. (2022-4-12). [2023-8-7]. https://www.biathlonworld.com/inside-ibu/sports-and-event/antholz.

[6] 安霍尔茨冬季两项中心冬两中心官方网站. Biathlon Antholz-Anterselva-Passion is ours. [EB/OL]. (2023-5-23). [2023-8-7]. https://www.biathlon-antholz.it/en/home/1-0.html.

[7] IBU官方网站. 上菲尔芩冬季两项竞技场HSV HOCHFILZEN. [EB/OL]. (2021-10-12). [2023-8-7]. https://www.biathlonworld.com/venue/HOC/arena.

[8] 上菲尔芩冬季两项竞技场官方网站. Kitzbühel Alps Tirol|skiing-hiking-mountain biking. [EB/OL]. [2023-8-7]. https://www.kitzbueheler-alpen.com/en/pital/infra/a-z/biathlon-stadium.html.

[9] 基姆高竞技场官方网站. Chiemgau Arena|Biathlon Ruhpolding. [EB/OL]. (2022-8-28). [2023-8-7]. https://www.biathlon-ruhpolding.de/en/summer-world-cup/chiemgau-arena.

[10] IBU官方网站. 大博尔南冬季两项竞技场The stadium-Biathlon Annecy–Le Grand-Bornand. [EB/OL]. (2023-8-1). [2023-8-7]. https://www.biathlon-annecy-legrandbornand.com/infos-et-services/le-stade/?lang=en.

[11] IBU官方网站.厄斯特松德冬季两项竞技场Internationale Biathlon Union-Inside IBU Östersund. [EB/OL]. (2021-11-27). [2023-8-7]. https://www.biathlonworld.com/inside-ibu/sports-and-event/ostersund.

[12] IBU官方网站. 霍尔门科伦滑雪场International Biathlon Union-Inside IBU Oslo Holme-nkollen. [EB/OL]. [2023-8-7]. https://www.biathlonworld.com/inside-ibu/sports-and-event/oslo-holmenkollen.

[13] 维基百科. 霍尔门科伦滑雪场. [EB/OL]. (2023-8-1). [2023-8-7]. https://no.wikipedia.org/wiki/Holmenkollen.

[14] IBU官方网站. 特万迪体育中心 OTEPAEAE. [EB/OL]. [2023-8-7]. https://www.biathlonworld.com/inside-ibu/sports-and-event/otepaeae.

[15] 特万迪体育中心官方网站. Tehvandi Sports Center. [EB/OL]. (2023-2-14). [2023-8-7]. https://www.tehvandi.ee/spordirajatised/lasketiirud.

[16] IBU官方网站. 士兵谷北欧两项中心International Biathlon Union-Inside IBU Soldier Hollow. [EB/OL]. [2023-8-7]. https://www.biathlonworld.com/inside-ibu/sports-and-event/soldier-hollow.

[17] IBU官方网站. 奥伯冬季两项中心International Biathlon Union-Inside IBU Arber. [EB/OL]. [2023-8-7]. International Biathlon Union-Inside IBU Arber (biathlonworld.com).

[18] 维基百科. 劳拉越野滑雪与冬季两项中心. [EB/OL]. (2023-5-27). [2023-8-7]. https://en.wikipedia.org/w/index.php?title=Laura_Biathlon_&_Ski_Complex&oldid=1157304687.

[19] 维基百科. 平昌阿尔卑西亚越野和冬季两项中心. [EB/OL]. (2023-8-1). [2023-8-7]. https://wiki2.org/en/Alpensia_Biathlon_Centre.

[20] 燕赵体育.【冬奥场馆】一起走进古杨树场馆群. [EB/OL]. (2022-2-9). [2023-8-7]. https://new.qq.com/rain/a/20220209A04F5100.

冬季两项场馆的
"前策划—后评估"

4.1　基于多目标集成的策划要点

　　冬季两项运动兼顾滑雪和射击要求，赛制复杂，需要统筹协调的因素较多。冬季两项场馆尤其是冬奥会和世界锦标赛的冬季两项场馆，不仅需要关注赛制本身，还要考虑不同使用方（运动员团队、观众、赛事组织方、场馆运营方、所在社区等）的需求，基于可持续导向围绕冬季两项场馆的多目标进行交流并寻找平衡。设计团队宜将各方的需求进行整理，整体转译在一个频道上沟通，分析各因素之间的作用，通过整体统筹达到各方面需求均衡和整体最优。通过对一系列世界锦标赛和冬奥会冬季两项场馆的赛时和赛后转换运营实态调研，以及和国际冬季两项联盟专家座谈，笔者提出基于可持续的多目标集成冬季两项场馆研究框架（图4.1）。

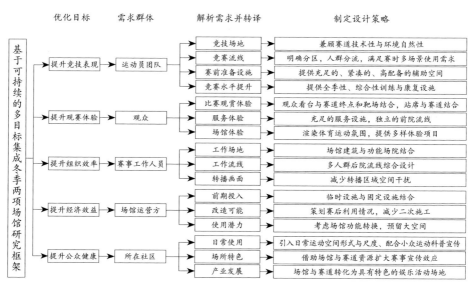

图4.1　基于可持续的多目标集成冬季两项场馆研究框架

4.1.1 提升竞技表现

1. 高水平的竞技场地

冬季两项赛道的设计既要结合地形地貌尽可能不破坏自然环境，又要尽可能满足赛道宽度和坡度要求，满足运动员、压雪车、转播用雪地摩托的使用需要，二者之间的平衡至关重要。瑞典学者研究指出，冬季两项是一项要求很高的耐力运动，需要广泛的有氧运动能力。所涉及的各种速度和坡度要求运动员在比赛中不断交替并适应不同的滑雪子项技术，这些复杂的技术极大地提高了效率[1]。在温哥华冬奥会冬季两项场馆的设计中，由于初期选址的原因，赛场本身被设置在森林植被茂密、地形陡峭的卡拉汉山谷（Callaghan Valley），赛道的路线选择与宽度都受到了较大限制，为赛道的建设与运动员的发挥都带来了一定难度。有研究表明，滑雪的结果对最终结果的影响程度要高于射击。在短距离和更高水平的冬季两项运动中尤其如此。在长距离比赛中，射击水平和滑雪时间对最终结果的影响程度相同[2]。因此，在短距离冬季两项比赛中需要考虑赛道中增加更多的挑战性和观赏性元素。

冬季两项靶场的设计需要充分考虑照明、防风等设计。韩国平昌冬奥会冬季两项场馆建设初期，因为不了解靶位的工作原理将靶场照明设置在下部，导致射击靶点上有设施自身的投影，后在正式比赛前通过增加上部照明的方式解决。此外，各靶道之间的公平性至关重要。这就要求进入靶场的赛道保持绝对水平，并保证足够的宽度，避免进入靶场和离开靶场的运动员彼此干扰。在设计靶场左、右两侧的设施时，应考虑气流的影响，避免局部产生涡旋干扰子弹飞行。

2. 紧凑独立的流线

赛时运动员的流线应紧凑、独立，满足赛前、赛中、赛后的全过程运动员需求。冬季两项的赛时较长，运动员通常需要分批次从起点出发，而起点赛道以及靶场通常位于赛场核心区的中间。为避免干扰正在赛道上滑行的运动员，通常会设置地下通道或立体桥。在平昌冬季两项场馆的设计中，运动员与媒体及工作人

99

员共用一条较为狭窄的地下通道，仅通过栏杆进行分隔，对运动员的赛前心理造成了一定影响。此外，运动员赛前与赛后的流线设计也需精心考虑。奥地利上菲尔岑的冬季两项场馆贴心地设想了运动员赛后从终点回到运动员区的流线，获胜的运动员可以从看台前经过，接受观众的欢呼，而成绩不甚理想的运动员则可以利用看台下的流线避开观众的视线回到运动员区。

3. 方便的赛前准备设施

冬季两项的赛前准备较为复杂，涉及雪板、枪支等多样化的竞赛装备，其储存、调试以及安保等相关要求都较高。应结合运动员流线，设置充足的、紧凑的、高配置的辅助空间。冬季两项运动员的发挥受竞技装备的影响较大。滑雪所用雪板需要打蜡，而射击所用枪支需要试枪并按当地规定执行严格的安保措施。打蜡房是运动员场院的核心空间，奥运会打蜡房多采用临时建筑，并需要配备良好的通风设施。平昌的冬季两项场馆运动员区距离比赛场地较远，运动员需要步行较远距离才能到达比赛起点。上菲尔岑冬季两项场馆作为定期比赛场馆与训练基地，则将主要打蜡房与运动员休息室等综合设置在永久建筑内，并与赛场通过地下通道连接，为运动员提供了极大的方便。

4. 可持续的竞赛水平提升

专业竞技型冬季两项运动员需要具有全季性、综合性的训练与康复设施。其训练主要包括滑雪技巧、射击技巧以及体能训练等部分。德国奥伯霍夫的冬季两项场馆内的赛道采用沥青铺设，在非雪季可以作为轮滑赛道使用，供运动员模拟滑雪训练。同时，这里还开设了德国第一个室内滑雪隧道，并配备射击设施，使得该运动相关的训练和公共娱乐活动一年四季都可以进行。运动员的康复设施与训练和比赛设施同样重要。有研究对挪威148名女冬季两项运动员肌肉、骨骼、疾病的回顾性分析显示，这些疾病导致73.5%的受访者停止了训练或竞赛[3]。好的康复设施将大大提升运动员的竞技水平和运动生涯年限。在上菲尔岑的场馆中，赛时的服务空间部分在赛后转变为运动员的康复训练基地，帮助运动员实现可持续的竞技水平提升。

冬季两项场馆还需要考虑一线科研实验的需求。冬季两项比赛的成功除了滑雪，还需要准确而快速的射击，同时要从高强度滑雪中恢复过来。许多不同的因素（包括身体摇摆、触发行为乃至心理）都会影响射击性能[4]。冬季两项的复杂性需要在滑雪转换和射击过程等领域进行更多研究，方法包括心动反冲监控、脑电图、机器学习等。研究表明，由于每次心跳产生心动反冲，射击精确度受心动周期阶段的影响。为了获得最佳结果，可以训练运动员在心动周期的特定阶段内射击[5]。最大心血管负荷对冬季两项射击前脑电图活动的影响研究发现，更大的神经效率对射击有利[6]。瑞士学者使用基于4个赛季11.83万张照片训练各种机器学习模型后发现，第一次俯卧射击命中率低于第五次站立射击[7]。这些科学的体育管理研究有助于提升冬季两项竞技水平。

4.1.2　提升观赛体验

1. 近距离感受比赛激情

作为冬季雪上运动，冬季两项的赛场大、赛道长，观众在小小的看台上很难感受到比赛的全貌。赛事中最具观赏性和趣味性的部分，莫过于射击和终点冲刺的过程。因此，冬季两项场馆的观众看台应尽可能靠近赛道终点与靶场，并多设置贴近赛道的观众站席，增加观众近距离观摩运动的机会。韩国平昌的冬季两项场馆是利用原有场馆与高尔夫球场道路改造而来，其整体布局受到了多种因素的限制。其惩罚圈位于靶场与观众看台中间，增大了观众到靶场以及转播屏幕的距离。观众看台与赛道之间有约10米的间距，即使是第一排观众也无法近距离观赛。该场馆的观众站席没有临近赛道设置，而是设置在看台旁边，大大降低了运动的观赏度。在意大利的安霍尔茨冬季两项场馆中，观众看台第一排紧邻比赛赛道，并设置了大量赛道周边的观众站席。观众与运动员获得了极具热情的互动。

尽管在赛事中观众更愿意看到终点前运动员冲刺的场面，但为了安全，运动员往往都是绕开观众席正前方的射击场地。位于挪威的奥斯陆霍尔门科伦场地为了将更多激动人心的精彩瞬间呈现在观众面前，将冲刺前的赛道围绕赛场核心区布置，其中部分赛道位于靶场正后方，为了避免打靶子弹带来潜在风险，在赛道一侧设置防弹玻璃。这里现场观众能比其他场馆看到更多的比赛场面。

2. 良好的观众服务与交通配套设施

在冬季观看户外项目时，观众需要充足的服务设施。平昌的冬季两项场馆为观众设置的暖房面积较小，内部设施也较为简陋。比赛时，大量观众因寒冷聚集其中分外拥挤。各种临时设施也没有考虑无障碍需求，冰冷湿滑的地面环境不利于使用。冬季两项观众的到达流线应尽可能短，并且与其他人群分开。平昌冬奥会期间观众在场馆外围走下大巴后，需要经过长时间步行才能到达观众看台，且其路径与转播、运营等场院机动车流线均有交叉。鲁波尔丁则通过坡道将观众引向看台后排，实现垂直分离；索契则利用缆车将观众运送至场地中央，而后通过单独的流线进入观众区；其余场馆则使观众流线在场地内某一点与后院流线分离，单独进入观众区。

3. 多维度、更直观的场馆体验

观众来到赛场，希望在观赛之外获得更丰富的体验。场馆设计应注意渲染体育运动氛围，并在运营中提供多样的体验项目。鲁波尔丁场馆主体建筑周边也设置了诸多运动小品，如雕塑、石刻等，渲染了良好的体育休闲氛围。上菲尔岑、奥伯霍夫等场馆更是开展各种观摩、体验项目，拉近普通民众与体育运动的距离。

4.1.3 提升组织效率

1. 充足的工作场地

在场馆设计中，应在看台建筑预留位置合适、面积适中的功能房间，并在功能区对应的场院中预留足够的空间，供建设临时设施与停放户外工作车辆使用。临时设施的安全性与舒适性至关重要。在平昌冬奥会期间，场馆媒体中心与新闻发布厅本来是两个紧邻的独立帐篷，后因为天气原因，导致新闻发布厅的帐篷被大风吹走。后来新闻发布厅被挪到了场馆媒体中心的帐篷内，挤占了记者的工作空间，并且给新闻发布和采访活动也带来了较大干扰。

2. 合理的工作流线

加拿大温哥华冬奥会冬季两项场馆运输过远且通勤班次安排不合理，影响整体使用效果。设计中宜规划不同人群的流线，避免流线交叉，才能保证场馆高效运行。例如，上菲尔岑尽管只有一条公路到达场馆，但充分利用了周边的铁路站点，保障了赛时3万多名观众的疏散。

3. 干净的转播画面

每场比赛更多的观众是在世界各地通过电视转播画面观摩比赛。电视转播团队要求画面内运动员是绝对的主角，其余的景色应以雪景为主，避免出现杂乱的设备及工作人员。在鲁波尔丁的场馆平面布局中，运动员的热身区等各功能场院设置在场馆看台的背面，不会出现在转播画面与观众视线中。在上菲尔岑的靶场右侧靠近靶棚的位置设置一个小木屋，将远端的摄像机安装在里面，整体以白色材质进行包裹，和雪景融为一体，确保转播画面内除了比赛内容外，都是干净的白色背景。

4.1.4 提升经济效益

1. 减少固定投资

与赛时使用群体不同，场馆运营方不仅要保证场馆在赛事期间的需要，更要承担场馆赛后运营将带来的高额运营成本。因此，建筑师理应在设计阶段考虑便捷、高效、低成本的场馆转型策略，减轻赛后运营的经济负担。无论是观众坐席数量还是场地空间设置，服务重大赛事使用的新建场馆建设规模都往往高于日常使用需要，为避免场馆赛后空间利用困难，应采用临时座椅、临时地面等手段，在减少固定设施建设规模、压缩固定设施投资的同时，增加空间转换灵活度、降

低改建成本。鲁波尔丁场馆固定看台数量设置极少，大量看席储存在仓库内，赛时可搭建起18000人的临时看台，满足赛事峰值要求。

2. 预留改造可能

法国阿尔贝维尔冬奥会的冬季两项场馆是一栋永久建筑，由于种种原因年久失修荒废后逐渐"淹没"在山区的森林中。意大利都灵冬奥会冬季两项场馆则是利用原度假中心旧建筑改造，做到物尽其用。设计应做好前期策划工作，提前预判赛后空间使用状态，预先测算场地尺寸并分析空间组合，避免结构二次施工，满足改造机动性和多样性。

3. 多功能使用潜力

场馆赛时与赛后的功能定位可能存在差异，尤其对于小众运动来说，赛后场馆运营常常只保留一小部分赛时使用功能，大部分空间被作为大众运动健身、演艺娱乐、商业会展空间使用。设计应考虑场馆功能转换问题，合理划分区域流线，充分布置服务组团，尽量保留大空间、通用空间以提升场馆多功能使用能力。

4.1.5 提升公众健康

1. 日常使用

体育场馆在非赛时阶段的重要作用之一是为公众提供运动场地，因此场馆设计需要考虑日常运动空间形式和流线问题，预留空间以积极应对赛后民众使用需求，一方面满足民众的日常运动需求，另一方面也可以引导群众接触冬季两项运动。奥伯霍夫场馆作为公共运动健身场地提供越野滑雪、徒步、夏季山地自行车、轮滑等活动，也为访客和青少年提供短期冬季两项体验或长期训练教学课程。

2. 场所特色

作为唯一拥有枪支和靶场的雪上运动场馆，冬季两项场馆尤其需要突出和放大这个特点。有些场馆向普通群众开放，让更多人感受冬季两项的快乐。例如，奥伯霍夫提供付费的体验课，跟着专业教练学习，随后可以参加滑雪和射击。也有的场馆与军方合作，上菲尔岑场馆就是和奥地利军方合作军民两用。

3. 产业发展

场馆与赛道资源借助良好的赛前策划，在赛后改造能够转化为优质的旅游资源。温哥华冬季两项场馆将部分赛道改建为轮滑赛道，用投掷篮球代替射击，将冬季两项场馆发展为一个全民参与的旅游休闲项目。德国的奥伯霍夫是一个有浓郁冬季两项元素的1600人小镇，在小镇里随处能看见冬季两项的印记。奥伯霍夫场馆的冬季两项酒吧装修使用了大量的冬季两项明星元素，又具有顶层绝佳视野，吸引了大量粉丝前往。

4.2 基于全季利用视角的赛后利用评估要点

4.2.1 全季利用特征

1. 研究技术路线

山地赛道的全季利用技术，是为实现全季利用"共同协作的各种工具和规则体系"[8]。冬季两项是集合越野滑雪与射击的户外雪上运动。冬季两项运动的山地赛道系统，不仅包括赛道本身，也包括技术楼、靶场、场院区等为赛道配套的设施，这些整体上构成了冬季两项运动的山地赛道系统。冬季两项运动在历史上共有美国斯阔谷等15座城市16次承办冬奥会冬季两项比赛（其中奥地利因斯布鲁克承办两次冬奥会），在第一届夏慕尼冬奥会曾作为表演赛。国际冬季两项联盟2019～2020赛季在德国奥伯霍夫和鲁波尔丁、奥地利上菲尔岑等9座城市举办世界锦标赛，在意大利安霍尔茨举办世界冠军赛。本书以此为样本分析其赛后转换和全季利用情况，采用实地观察、小组访谈、文献阅读、统计分析等方式进行研究，进而归纳出全季利用的共性特征和差异化特征，并制定研究的技术路线（图4.2）。

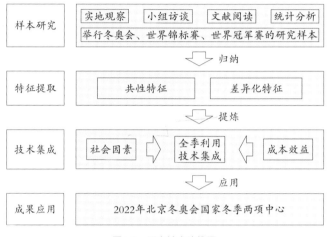

图4.2 研究技术路线图

2. 全季利用的共性特征

如果从赛后转换和全季利用成功要素中提取共性特征，至少有以下几个方面值得关注。

1）优美的自然环境

奥伯霍夫山地赛道系统处在德国图林根森林包围之中，自19世纪以来就是著名的疗养胜地。奥伯霍夫的场馆护坡采用铁笼加块石的方式，冲刺的滑雪道桥梁采用木头搭建，与当地环境融合。鲁波尔丁的山地赛道系统位于著名的阿尔卑斯东基姆高山和基姆高山环抱的风景区内。鲁波尔丁的场馆在清水混凝土的建筑立面贴上木皮，让建筑与周边的群山树林整体和谐（图4.3）。滑雪道桥梁虽然是清水混凝土，但近地空间也采用木材支撑结构，让人感受到温暖（图4.4）。

图4.3　鲁波尔丁的场馆建筑外立面用木片做点外装饰

图4.4　赛道系统的桥梁也用木结构处理

2）便捷的交通体系

赛后转换成功与否和交通情况密切相关。首先是保障短时间大量人群的疏散，如上菲尔岑尽管只有一条公路到达场馆，但充分利用了周边的铁路站点，保障了赛时3万多名观众的疏散。索契场馆是通过缆车来到场馆。其次是场馆、场区内的不同人群分流，赛时组织分流和赛后利用的人流。再次是方便使用者赛后使用。有些场馆设计自带宿舍，赛后上雪道非常方便。上菲尔岑的场馆周边通过地下通道连接公寓，使用者可以通过地下通道直达场馆。

3）丰富的文娱活动

小镇奥伯霍夫是一个有浓郁冬季两项元素的1600人的小镇，每年新年第一周BMW冬季两项世锦赛时会有约10万冬季两项粉丝蜂拥而至[9]。非赛时小镇里总有世界各地来此训练的运动员和教练员。冬季两项产业的发展又为更多游客参与丰富多彩的户外锻炼提供了支撑（图4.5），两者相辅相成。在小镇里随处能看见冬季两项的印记，奥伯霍夫旁边的滑雪馆有各种吉祥物和训练参观通道（图4.6），在夏天能近距离观看到运动员在这里雪上训练（图4.7）。奥伯霍夫的冬季两项酒馆室内挂满了冬季两项明星的运动衣和装备器械，窗外正在训练的赛场一览无余，浓郁的冬季两项运动氛围吸引了很多观众来这里小憩（图4.8、图4.9）。上菲尔岑的场馆后院场地赛时会搭起若干临时帐篷，同步举办会展活

图4.5 奥伯霍夫冬季两项场馆内小朋友训练

图4.6 纪念品宣传

图4.8　奥伯霍夫冬季两项酒馆窗户正对射击场

图4.7　奥伯霍夫夏季室内滑雪馆运动员训练　　　　图4.9　奥伯霍夫冬季两项酒馆的氛围

动，也会举办酒会、音乐会等。

　　4）特色的地方美食

　　赛后利用想活跃起来想留住人，地方特色美食必不可少。例如，德国奥伯霍夫的图林根香肠、火腿和当地啤酒，意大利切萨纳·圣·西卡里奥的松露和巴罗洛葡萄酒，法国大博尔南（Le Grand Bornand）的鹅肝与白汁绘小牛肉，日本长野的信州荞麦面和"用苹果饲养的"信州牛。另外，餐厅得有一定的数量，让人即使是身在小镇也能有选择余地。菜系也需要考虑有包容性，如法国大博尔南有五十多家餐厅，除了法式外还有意式、美式等多种选择；鲁波尔丁有四十多家餐厅。大部分餐厅都会注明提供特别服务，有素食主义者友好、纯素选择、无麸质选择等。这里就餐环境特别重视与自然的对话，在德国鲁波尔丁，坐在小广场外的座椅上，面对着气势磅礴的群山进食特别有特色。

5）独特的射击体验

冬季两项与越野滑雪等运动相比，最大的区别在于有射击元素。冬季两项场馆尤其需要突出和放大这个特点。有些场馆可向普通群众开放，让更多人感受冬季两项的快乐。例如，奥伯霍夫提供付费的体验课，跟着专业教练学习，随后可以参加滑雪和射击。斯洛文尼亚的波克柳卡射击场和周边酒店合作提供射击体验课，在专业指导下射击场地最多时能同时容纳100名游客参与。有了雪上射击主题往往能吸引大量爱好者。夏季非赛时有射击项目，可以提升普通旅游者的活动体验。美国盐湖城士兵谷更是可以组织小团队和家庭赛事，在夏季还有特别的组团服务。

6）完善的配套设施

法国的大博尔南山地赛道系统离周边著名的度假小镇堪称近在咫尺，仅有400米的距离。斯洛文尼亚的波克柳卡场馆几乎挨着酒店。上菲尔岑的住宿部分与场馆一路之隔且地下连通，冬季可以直接上雪道，夏季运动也非常方便。

3. 全季利用的差异化特征

1）四季训练

冬季两项运动具有较强的时效性，在夏季场馆往往大多承担轮滑、山地自行车等运动，德国图林根森林中的小镇奥伯霍夫打破了这个惯例，在这里四季都能进行冬季两项训练和参访体验。紧靠滑雪场赛道，奥伯霍夫建设了室内滑雪馆。不同于中国休闲性质的室内滑雪场，这里对坡度等有更高要求，便于运动员训练和业余爱好者参与。

2）军民两用

冬季两项比赛和军事有着千丝万缕的关系。接近现代冬季两项比赛雏形的最早记录是1767年挪威边防军滑雪巡逻队举行了滑雪射击比赛。1912年挪威军队在奥斯陆举行名为"为了战争"的滑雪射击比赛，后该项运动在欧美国家流行。奥地利小镇上菲尔岑的场馆就是典型的军民两用型场馆。这里不仅举办IBU的世锦赛，同时也是奥地利军队的训练和驻扎场地（图4.10），旁边有军队营地和车库，在该区域曾经多次举行特种兵训练。

图4.10　上菲尔岑冬季两项场馆非赛时也供军方使用

3）景区融合

德国小镇鲁波尔丁背靠风景优美的阿尔卑斯东基姆山，场馆掩映在山谷中成为一景。由于风景区自然景色优美，在这里徒步、山地自行车等运动非常流行。这种融合型小镇在越野滑雪场地非常多，如法国夏慕尼和瑞士圣莫尼茨都是典型代表。在意大利都灵切萨纳·圣·西卡里奥滑雪场，距离都灵大约97公里的一个高原上，服务设施和运动员综合区设在一个现有的建筑物内，赛后将进行全面改造和重新装修，转变为三星级酒店。意大利安霍尔茨场馆选址于意大利和奥地利交界的自然公园内，山峦环抱、湖水清澈。俄罗斯索契冬奥会劳拉滑雪中心的山地赛道集越野滑雪和冬季两项于一体，赛后变成俄罗斯的训练中心，也对游客开放，和周边的动物园、水上娱乐中心、极限公园、瀑布等共同构成夏季的度假胜地。

4）恢复用途

韩国平昌冬奥会冬季两项场馆建设于江原道，赛道系统原先是高尔夫球场。在冬奥会时改造成冬季两项场地和越野滑雪场地，结束后赛道又恢复成高尔夫球场。历史上也不乏恢复场地后又重建的例子，因斯布鲁克塞费尔德（Seefeld）曾承办过1964年和1976年两届冬奥会冬季两项比赛，后来转为其他设施；2010年又重建了冬季两项设施举办2012年首届青年冬奥会比赛。该设施射击项目现在也向旅游者开放[10]。

4.2.2 全季利用技术集成

1. 全尺度空间干预角度的全季利用

从上述山地赛道系统全季利用特征可分析提炼出全季利用的技术体系。这里面既包括偏向于硬件维度的实体装备、工艺技巧等，也包括偏向于软件维度的社会协作，并且这种协作往往受到多方面社会因素的限制。结合全尺度空间干预角度[11]，笔者对全季利用的技术集成归纳如表4.1所示。

全季利用的技术集成　　　　　　　　　　　　　　表4.1

要素		技术集成		案例应用
		硬件维度	软件维度	
远	交通组织	火车、汽车/电动车、缆车、多层步行等交通系统	统一便捷的智慧票务系统	索契缆车系统，上菲尔岑火车和接驳系统

续表

| 要素 | 技术集成 | | 案例应用 |
	硬件维度	软件维度	
自然景观/ 文化遗产	视线通廊和漫步可达	奥运遗产和自然景观的叠加效应运作与放大	温哥华惠斯勒奥林匹克公园的奥运遗产推介
住宿餐饮	离酒店距离适中,电瓶车或步行可达	酒店、餐饮和赛道系统的业态生态网络	法国的大博尔南的步行可达
室内冰雪馆	与室外赛道系统组合	各国运动员的训练网络和协会指引	德国奥伯霍夫室内滑雪馆和山地赛道紧密衔接
场院区	设施的装配式、临时性、多功能	四季运营业态和设施配置的匹配	奥地利上菲尔岑场院区在帐篷里举办大量酒会和交流活动
人工水面	夏季景观,冬季人工造雪储备	生态环保/水务部门和造雪团队的协同	奥地利上菲尔岑的溪流与水池
山地护坡	与自然结合,利用适应当地气候条件和人文传统的工艺技巧	编制的设计规范标准和当地社会悠久人文传统习俗间的共识	德国奥伯霍夫的铁笼石头挡土墙(图4.11)、木头护坡(图4.12)
技术楼	平面弹性可变、临时坐席拆除	支持四季利用的管理机制,常年运营的利益相关者和志愿者团队	德国鲁波尔丁技术楼夏季变身为餐厅(图4.13)
赛道	夏季转换为轮滑、徒步、山地自行车道或整体转换为高尔夫球场	和所在区域联动的徒步、山地自行车活动组织	德国鲁波尔丁冬奥会场馆赛道夏季转换轮滑、徒步、山地自行车道(图4.14~图4.16),平昌冬奥会场馆赛道转换为高尔夫球场
枪支转换	气步枪、电子枪/激光枪转换	结合各国具体枪支许可要求打造独具魅力的射击场	斯洛文尼亚的波克柳卡场馆的体验课
残奥赛道	残奥会时部分为残奥赛道,冬季非赛时转换为体验雪道	配套的教练,多样性的培训课程	美国盐湖城士兵谷山地赛道系统

其中,行分组为:远、中、近、微。

图4.11　奥伯霍夫场地内的挡土墙处理

图4.12　奥伯霍夫场地内木制护坡处理

图4.13　鲁波尔丁技术楼夏季转换为餐厅

图4.14 鲁波尔丁赛道转换为山地自行车道

图4.15 鲁波尔丁场馆内山地自行车爱好者观看射击场

图4.16 鲁波尔丁专业运动员训练

2. 基于成本一效益原则的影响

在梳理策略集成后，要基于成本效益原则，结合项目的具体情况进行综合判断并做出最适宜的理性选择。例如，在夏慕尼和圣莫尼茨，可以看到索道系统构建了一个较为成熟的网络，让游客冬季能去相应雪场滑雪，夏季能进行徒步和山地自行车骑行。索契冬季两项山地赛道系统也利用缆车将人员进行疏散，并与周边相互连接。这种开发模式后期运营需要较大人流支撑和一定密度的索道网络，在综合研判之后，张家口古杨树赛区的未来规划后，没有选用索道系统进行运输的方案。

奥伯霍夫的全季利用案例也曾反复被研究，其核心的一点就是夏季运动员和游客可以在山地赛道系统临近的室内雪上运动中心训练或玩耍。北京冬奥组委和设计团队曾经研究过在张家口古杨树赛区的"冰玉环"挖出一条山间隧道，从北穿过山脉到南侧国家越野滑雪中心。这个隧道可以在夏季用于人工造雪，运动员和游客可以在隧道内人工雪道活动；冬季可以藏压雪车和气候欠佳时作为内部训练。在反复考虑成本效益后，最终放弃了这个动议。

3. 社会因素对技术集成的影响

山地赛道系统的四季利用技术集成会受到社会因素的影响和制约。实地调研中发现，一部分设施赛后转换困难，典型代表是法国阿尔贝维尔的冬季两项中心。阿尔贝维尔冬奥会历史上首次将女子冬季两项列入奥运会赛事，并由此获得特别的关注。但由于运营机构转换乏力，访谈中运营者表示似乎与小镇距离远是一个非常大的问题。全季利用缺少人气逐渐凋零，荒废后逐渐"淹没"在大自然中（图4.17）。美国盐湖城士兵谷雪场树木少，缺乏在森林和溪流中穿梭的乐趣，夏季又缺乏绿荫，影响了后续赛道系统的全季利用。

有些山地赛道系统在赛时并非广受称道，但赛后运营得当和设施升级，会在一定程度上改善其全季体验。例如，温哥华冬奥会冬季两项山地赛道系统，曾经赛时由于换乘遥远，观众反映体验不佳。但若干年后其所在地惠斯勒奥林匹克公

图4.17　处于废弃状态的阿尔贝维尔冬季两项赛道系统

园通过一系列措施增加交通可达性；特别是在由专业商业度假机构收购度假村后，又增加了冰火表演和烟火之夜，提供了包括山川、湖泊、石雕多个景点串联的徒步之行等，成功地打造了惠斯勒奥林匹克公园的全季体验。

本章参考文献：

[1] Laaksonen, Marko & Jonsson Kårström, Malin & Holmberg, Hans-Christer. The Olympic Biathlon-Recent Advances and Perspectives After Pyeongchang. Frontiers in Physiology. 9. 10.3389/fphys.2018.00796.

[2] JAROSŁAW CHOLEWA, DAGMARA GERASIMUK, MICHAŁ SZEPELAWY, et al. Analysis of Structure of the Biathlon Runs[J]. 2005, 35(1): 35-42.

[3] HÅVARD ØSTERÅS, LIV BERIT AUGESTAD, KIRSTI KROHN GARNÆS. Prevalence of musculoskeletal disorders among Norwegian female biathlon athletes[J]. 2013, 2013: 71-78.

[4] LAAKSONEN MARKO S, JONSSON MALIN, HOLMBERG HANS-CHRISTER. The

Olympic Biathlon-Recent Advances and Perspectives After Pyeongchang[J]. 2018, 9: 796.

[5] GERMANO GALLICCHIO, THOMAS FINKENZELLER, GEROLD SATTLECKER, et al. The influence of physical exercise on the relation between the phase of cardiac cycle and shooting accuracy in biathlon[J]. 2019, 19(5): 567-575.

[6] GALLICCHIO GERMANO, FINKENZELLER THOMAS, SATTLECKER GEROLD, et al. Shooting under cardiovascular load: Electroencephalographic activity in preparation for biathlon shooting[J]. 2016, 109: 92-99.

[7] MAIER, MEISTER, TRÖSCH, et al. Predicting biathlon shooting performance using machine learning[J]. 2018, 36(20): 2333-2339.

[8] 狄德罗. 百科全书[M]. 梁从诫, 译. 广州：花城出版社, 2007.

[9] Venue: Oberhof. [EB/OL]. (2020-10-14). [2022-04-28]. https://www.biathlonworld.com/inside-ibu/sports-and-event/oberhof

[10] Biathlon Facility Seefeld. [EB/OL]. (2022-04-28) [2022-04-28]. https://www.seefeld.com/en/a-biathlon.

[11] 张利, 王冲, 梅笑寒. 国家跳台滑雪中心：山地标识性冬奥场馆设计[J]. 建筑学报, 2021（S1）：150-154.

2022年北京冬奥会
国家冬季两项中心

5.1 融入赛区整体规划

　　国家冬季两项中心是2022年北京冬奥会张家口赛区主要比赛场馆之一。2022年北京冬奥会与冬残奥会分别在北京、延庆、张家口三个赛区举办，张家口赛区核心区位于河北省张家口市崇礼区太子城及其周边区域，规划占地约11平方公里，分为云顶滑雪公园、古杨树场馆群以及太子城冰雪小镇三个组团（图5.1、图5.2），国家冬季两项中心位于古杨树场馆群中[1]。

　　国家冬季两项中心赛时承办了冬奥会和冬残奥会冬季两项、越野滑雪的全部比赛，产生了11块冬奥会金牌和38块冬残奥会金牌，是2022年北京冬奥会和冬残奥会合计产生金牌最多的场馆。该场馆占地面积132公顷，赛道场馆技术楼建

图5.1　古杨树场馆群整体鸟瞰©THAD（图片来源：简盟工作室）

1　云顶滑雪公园
2　云顶大世界
3　云顶大酒店
4　媒体记者酒店
5　奥运服务人员配套用房
6　张家口冬奥村/冬残奥村
7　国家越野滑雪中心
8　国家跳台滑雪中心
9　国家冬季两项中心
10　太子城高铁站
11　奥运情报中心
12　国宾山庄
13　张家口颁奖广场
14　绿色生态示范居住区
15　会展中心
16　太子城酒店管理学院
17　高端医疗和疗养中心
18　文创商街
19　山地直播间
20　技术官员酒店
21　山地转播中心
22　太子城公园遗址
23　P+R换乘停车场
24　云顶体育公园
25　景观湖
26　蓄水池

图5.2　张家口赛区整体规划（图片来源：简盟工作室）

筑面积7644平方米，赛道总占地面积11.3万平方米，总长度1.3万米，最高海拔1766米，最低海拔1657米。项目在冬奥会后作为国家队的训练基地使用。

从空间上看，国家冬季两项中心由场馆赛场部分、场院区及技术楼组成。赛场部分可分为周边赛道和核心区两部分，核心区包含靶场、起终点区、惩罚圈等场地；场院区按照使用人群划分为场馆运行区、运动员区、安保区、新闻媒体区和转播服务区；技术楼临近赛场核心区，与观众看台结合，容纳了奥林匹克大家庭、赛事管理、技术官员办公等功能。冬季两项中心的赛道部分由冬奥会赛道和冬残奥会赛道两部分组成，其中冬奥会赛道分为1.5公里、2.0公里、2.5公里、3.0公里、3.3公里、4.0公里几种不同长度，而冬残奥会赛道则分为0.9公里、2.0公里、2.5公里、3.0公里、5.0公里几种不同长度。

5.1.1　适应区域环境承载力

冬季两项中心的设计伊始便遵从张家口赛区整体规划思路，以张家口地区居民群体利益和民生福祉为核心关注，主要考虑场馆建筑、基础设施、运营功能等方面的适宜规模与合理布局，以期在赛时功能得到保障的前提下，赛后仍能为张家口地区居民生活与经济发展作出贡献[1]。

首先，赛场规模的确定必须要考虑资源环境的承载力。张家口赛区地处山区，较平原地区生态敏感度高，在山区进行大型体育赛事场馆规划建设会面临山区植被恢复、林地面积损失、水土流失等生态问题和挑战。张家口赛区在规划之初综合分析地形条件、生态红线以及水资源容量，确定了常住人口5000、每日客流量2.3万人的赛区规模，从而有效保证了山地地区开发建设规模的合理性。

与城市赛场相比，山地地区可建设用地狭窄，土地资源的集约利用与立体开发是山地赛区可持续建设必然面临的议题。出于对山区生态涵养、土地资源集约利用的回应，张家口赛区采用组团式的规划布局策略，云顶滑雪公园、古杨树场馆群以及太子城冰雪小镇三个一级组团下还有若干个二级组团，其间距不小于

100米，保证组团间保留大面积原生态绿地以有效发挥更大生态功能。冬季两项中心作为古杨树场馆群下的一个二级组团，在遵从上述规则的基础上，组团内部的靶场、起终点区、惩罚圈等赛事场地和场馆运行区、运动员区、安保区、媒体运行区和转播服务区、技术楼等功能空间紧凑布局，尽量减少对山区土地特别是植被覆盖区域的侵占。在综合管廊布局方面，利用地下空间建设市政综合管廊，将地上空间让渡给场馆、交通等功能区域；同时，将多种管线集中设置，有效提升运营效率。

5.1.2 面向"双碳"目标的场馆设计

北京冬奥会是第一届全过程落实《奥林匹克2020议程》可持续要求的奥运会，也是实现全过程碳中和的冬奥会。国家冬季两项中心作为本届冬奥会和冬残奥会中产生金牌数量最多的场馆，在设计全过程中以"双碳"目标为导向，从能源、建造、运营、教育四个方面体现低碳设计理念。

1. 从能源角度

国家冬季两项中心充分利用清洁可持续的能源，实现100%的绿色电力供应。张家口赛区充分利用该地区风电资源丰富这一特点，主要采用风力发电。按照张家口市整体电力规划，冬季两项中心冬季采暖采用电供热系统，不仅使室温灵活可控，还能避免火电带来的空气污染。餐食制作采用电气而非天然气，避免非可再生能源利用。显著减少碳排放，实现"绿色办奥"。赛区内交通服务实现清洁能源车辆（不含专用车辆）保障。

建筑设计采用高效能空调和可开启窗扇，过渡季节自然通风，降低建筑使用能耗。考虑冬奥场馆的重要性，保证供暖热源的稳定、安全、绿色节能，热源设置多联机（热泵）和电加热系统，互为备用、互为补充。在室外温度高于−20℃（供暖非尖峰时段）时，采用属于可再生能源的多联机（热泵）机组作为热风供暖热源，绿色、低碳、节能运行；室外温度低于−20℃（供暖尖峰时段）时，启动电加热作为热源，保证供暖效果。

国家冬季两项中心、国家速滑馆、首都体育馆等场馆均使用可再生能源（风光互补）路灯，折合减排二氧化碳24.6吨。[2]

2．从建造角度

国家冬季两项中心在建筑设计中尽量减少永久建筑，采用临时设施满足赛时需求，赛后随即拆除。冬季两项中心的临时设施采用装配式技术，通过租用与购买集装箱房、篷房、板房、脚手架等成熟产品，在场地简单硬化处理后进行快速搭建，赛后可快速拆除或移至他处循环使用，实现"轻触式建设"和"对自然最小干预"的设计目标。

赛道和其他场地采用碎石或夯土地面，赛后可恢复为自然场地，降低硬化地面比例。赛道施工时开挖的土石就近再利用，形成赛道挡土墙。

赛道设计避让原生树木，保留原有植被的同时体现冬季两项运动"林中狩猎"的运动内涵。132公顷的用地范围内，树木几乎全部保留，少量与赛道路径规划冲突较大的树木进行小距离移栽，保留原有场地植被的固碳能力。通过设置动物通道、布设人工鸟巢、规范施工等措施降低对赛区动物的影响。

张家口赛区场馆群建成了露天蓄水池（含小景观湖）（11个）、雪融水地下收集池，总蓄水量达到53万立方米，为赛时造雪提供了用水保障。[2]国家冬季两项中心的设计没有采用其他场馆常见的单一水库形式，而是创新性地将储水水库与五个分散在赛道之间的景观湖泊结合，打造地段内不可多得的水系景观。雨水回收收集后用于场地造雪，雪融化后经由砾石赛道下渗进入自然场地，实现水资源循环利用。创新建设"海绵赛区"，按照"渗、滞、蓄、净、用、排"的原则，通过人行道透水铺装、赛道旁设置植草沟、设置蓄水池等措施，多途径收集和利用雨水和融雪水，赛区污水做到全收集、全处理、再利用，实现水资源循环利用。

国家冬季两项中心对施工材料用量进行了优化设计，尽量减少不可循环材料如混凝土的使用，优先使用可再生、可循环利用的材料。

国家冬季两项中心的技术楼按绿色三星标准设计，采用了高性能中空 Low-e 玻璃幕墙，在便于观察赛场情况的同时，也能更好地满足场馆对抗风压性、水密性及气密性的严格要求，减少了室内冷热量的散失，从而降低空调负荷，减少能耗，有效控制场馆碳排放。挑檐屋顶的设计形式不仅为户外坐席提供了雨雪遮蔽设施，也为室内空间提供了有效的遮阳，降低技术楼全季使用能耗。

3. 从运营角度

在北京冬奥会和冬残奥会赛事期间，平台、篷房、打包箱式房、集装箱房、隔断、围栏、卫生间、岗亭以及地下管线、地下管井等都使用临时设施，承载了30余个赛事业务领域的转播、摄影、医疗保障、景观、电力、餐饮、安保、交通等使用需求。临时设施优先采用租赁方式，优先使用标准化构件，优先使用预装配、便于灵活组合、安装拆除的模块化构件，最大化减少废物产生，最大限度实现回收和利用。在同等条件下，选择可持续性要求符合程度高的供应商，优先选用有库存产品的供应商，减少新产品的生产。[2]

场馆采用了高效的节水智能化造雪系统和造雪装备，根据外界环境变化，动态保持最佳的造雪效率。根据赛事对雪质、雪道速度和硬度的要求，通过气象站监测及远传系统，在温度、湿度、风力、风向等指标最适宜的条件下启动造雪机，并根据外界环境动态保持最佳的造雪效率，造雪每立方米可节水20%左右。[2]

国家冬季两项中心节水型生活用水器具普及率达100%，绿化项目均采用微喷、滴灌、渗灌等节水灌溉方式，能够根据植物的实际需求定量给水，在节约用水的同时，避免植物"过渴"或"过涝"。场馆内安装的临时卫生间采用先进的生物降解技术，无需冲水即可完成废污处理。场馆群场地内设置充电桩。

本届冬奥会首次将"媒体+"接入点下沉至马道和桁架。通过在国家冬季两项中心、国家体育馆、首都体育馆、五棵松体育中心、国家游泳中心等场馆的9个桁架上部署9台POE交换机，节省以往脐带线中的网线约9000米，相当于减排温室气体1.6吨二氧化碳当量。[2]

北京冬奥组委委托具有联合国指定经营实体（DOE）资质的核查机构，对碳管理工作全过程和碳排放量、减排量的核算实施第三方评估。推进场馆运行能耗和碳排放智能化管理，实时监测电、气、水、热力及可再生能源的消耗情况，对空调、采暖、电梯、照明等建筑耗能实施分项、分区计量控制。编制清废管理工作方案，对垃圾分类、清扫保洁、除雪铲冰等各项工作内容做出细化安排。[2]

4. 从教育角度

国家冬季两项中心赛后全面向公众开放，实现场馆四季运营。除作为训练基地使用外，作为冬奥遗产已逐渐融入自然，成为当地的自然研学营地，场院用地转化为活动场地，惩罚圈用地结合人工草坪成为室外瑜伽、音乐会的场地，景观湖泊周边则成为露营场地。靶场内设置气步枪和电子步枪设施，在冬奥会后快速转换，适应冬残奥会需求，赛后转化为公众可以使用的射击靶场。到了冬天，这里则迎来冬季两项、越野滑雪等多样雪上赛事；其他季节，则成为京津冀地区兼具自然风光和奥运人文特色的户外休闲目的地。全季旅游填补了当地旅游市场的空白，也为当地创造可持续的经济效益。

国家冬季两项中心已经成功举办了2022—2023赛季全国越野滑雪青少年锦标赛、2023张家口射击联赛、2023京津冀青少年户外定向比赛、2023 年"要跑 24h 跑步生活节"等多项精彩赛事和活动。同时，国家冬季两项中心也定期开启贫困小学公益研学一日营等公益教育活动。可持续发展的低碳场馆设计理念伴随着健康、绿色的生活方式，在参访者和当地社区居民之中广泛传播。

5.1.3 回应大众健康休闲需求

出于对绿色交通和赛后服务大众健身休闲的考虑，张家口赛区设置了一条空中步道"冰玉环"，连接国家跳台滑雪中心、国家冬季两项中心、国家越野滑雪中心、山地转播中心与技术官员酒店。冬季两项中心位于"冰玉环"北半环的东侧端头，"冰玉环"上为前院区，作为观众通道使用，地面为后院区，作为赛事运行保障工作区域使用，通过立体交通的方式区分前、后院，实现了土地的集约利用。同时，冬季两项中心还通过"冰玉环"平台连接了徒步登山步道，在没有比赛时，游人可以进入后山山坡观光拍照，形成连贯的漫游。赛时，观众可以通过"冰玉环"来往于场馆间；赛后，"冰玉环"经改造可以作为大众休闲健身场地面向公众开放，用于娱乐、演艺、休息、展览等功能，还可以连接后山进行户外运动[3]。

在景观塑造上，古杨树场馆群的绿化种植与生态修复以山地原生态景观塑造为目标，尊重场地原有地形，尽可能保留并利用现状植物，减少对林地的破坏；利用本地植被，尽可能强化林地的连续性与整体性，做到新增植被和原始林地融为一体；所有植物材料均采用本地驯化物种，保证苗源数量，确保种植成活率；着重考虑对可视面及破坏严重面（如切削山体后的护坡）进行重点生态修复。场地土方施工采用表土剥离技术，施工前首先剥离表土，集中堆放；施工后回覆表土，进行植草绿化。冬季两项场馆群场地内存在很多高大护坡，高度为4～10米，设计团队采用格宾支护体系、生态袋、无土混合纤维喷播复绿等技术，既保证了山体护坡安全稳定，又能实现生态修复。

5.2　基于"3E"理念的可持续设计

可持续"3E"是指可持续发展的"环境—社会—经济"三支柱要素体系，即环境（Environment）、公平（Equity）、经济（Economy）[4]。如何在这三者中寻找平衡和共鸣，一直是可持续发展的核心议题[5]。对于国家冬季两项中心的规划设计，从环境角度最重要的是最小化自然干预，公平角度则是提升残障人士的参赛和观赛体验，从经济角度来说则着重强调节俭奥运思想的涌现[6]和场馆

赛后未来可持续运营。设计团队用可持续"3E"和全尺度空间干预来构建国家
冬季两项中心的可持续设计策略框架（图5.3），并将该框架植入张家口赛区整
体可持续规划设计策略之中（表5.1）。

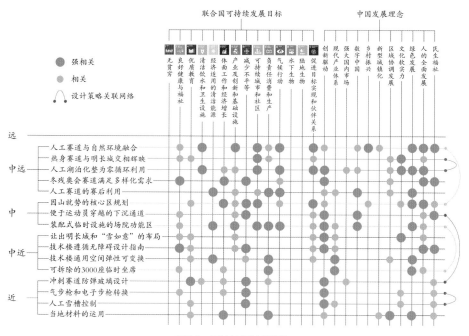

图5.3 可持续相关性矩阵

基于可持续"3E"和全尺度空间干预的国家冬季两项中心可持续设计策略　表5.1

	环境	公平	经济
中远尺度	人工赛道与自然环境融合；热身赛道与明长城交相辉映；人工湖泊化整为零循环利用	冬残奥赛道满足多样化需求	人工赛道的赛后利用
中尺度	因山就势、因地制宜的核心区规划	便于运动员穿越的下沉通道	装配式临时设施的场院功能区
中近尺度	让出明长城和"雪如意"的布局	技术楼遵循无障碍设计指南	技术楼通用空间弹性可变换；可拆除的3000座临时坐席
近尺度	冲刺赛道防弹玻璃设计	气步枪和电子步枪转换；残奥会人工雪槽控制	当地材料的运用

5.2.1　中远尺度

1.　人工赛道与自然环境融合

在奥运会的历史中，长久以来存在一个现象：夏奥会更面向大都市，冬奥会更面向自然和村镇，给予山区及其特有的生活方式以"自豪的机遇"[7]。为体现冬季两项起源于"雪中狩猎"的激情与野趣，在赛道的设计中充分利用原有自然地形，保留原有树木与溪流。为了保留靶场北侧山体上的一棵大树，设计过程中特意将赛道做出微调并设计了一个有趣的弯道（图5.4）。人工赛道与自然环境融合，既体现了这项运动"雪中狩猎"的野趣，又为这一场馆增加了地域特色[8]。

图5.4　绕开保留树木的赛道和防弹玻璃©THAD（图片摄影：吕晓斌）

2.　热身赛道与明长城交相辉映

在赛场用地踏勘期间，我们欣喜地发现了东侧山脊上有全国重点文物保护单位明长城—古杨树段。虽然宏伟的城墙已不在，但部分砖石和基础遗存。明长城是我国古代在军事防御体系建设方面的最高成就之一，也是"构成中华民族的民族记忆、国家记忆和民族认同、国家认同的重要遗产"[9]。出于对长城遗址保护的考虑，我们很克制地从赛道外引出一条热身赛道通往长城遗址。这一做法符合长城保护不改变原状原则、最低程度干预原则，同时让长城文化元素与奥运精神交相辉映，为外国运动员了解中国传统文化创造了机会，与国际奥委会的《奥林匹克2020议程》第26条"深入融合体育与文化"不谋而合[10]（图5.5）。

图5.5　夜晚的赛道与远处的长城遗址（图片摄影：董蕊）

3. 人工湖泊化整为零

为了满足冬季造雪的用水需求，雪上场馆通常需要设置巨大的蓄水池。在初始设计中，冬季两项中心的蓄水池选址于赛道东南侧山坡上，其巨大体量和施工都会对原有山体造成较大破坏，同时带来地质灾害隐患。在景观设计的优化过程中，设计团队采用化整为零的策略，将一个大型蓄水池调整为若干小水池，穿插设置在赛道之间，结合原有溪流在低洼处形成小型湖泊。这一做法既满足了冬季造雪需求，又提升了场地的全季景观品质。

4. 冬残奥赛道满足多样化需求

冬残奥运动员分为坐姿、站姿和视觉障碍运动员三种，后两种运动员使用冬奥会赛道，为满足残奥运动员使用需求，在局部陡坡处做出缓和的衔接段。坐姿运动员则使用山谷西侧的专用赛道，即所谓的"残奥赛道"。在冬奥会期间，残奥赛道可作为冬奥会运动员的热身赛道。冬奥赛道更宽、更陡峭，滑行速度较快。冬残奥赛道则更加缓和，赛道布局也更加集中。

5. 人工赛道的赛后利用

场馆在赛后作为训练基地使用[11]，同时也可成为户外运动休闲设施。核心圈赛道设计为沥青赛道，赛后可转换为轮滑滑板赛道，供比赛与夏季训练使用。其余赛道则采用碎石路面，赛后可转换为山地自行车或徒步路径。

5.2.2　中尺度

1. 因山就势的核心区规划

场地核心区所在山谷西低东高、北低南高。按照赛事工艺要求，核心区的靶场和惩罚圈要保持绝对水平，而起点和终点赛道则允许存在坡度。基于现场踏勘和地形图，选定海拔1665米作为整个场地的基准标高，使得核心区的挖方量与填方量基本平衡。靶场与惩罚圈按此标高设计后，靶场西侧比原地形高出约4米，设计便顺应此势，在靶场西侧设置两层小楼，二层地面与靶场地坪相平，作为靶场储存空间；一层则与自然地形相平，为运动员提供赛前热身空间，赛后则可作为室内靶场使用。对于起点和终点赛道，则将终点设置为1665米的基准标高，赛道自西向东维持2%左右的坡度，既减少了赛道本身的土方量，又使得坡度满足赛事要求（图5.6）。观众看台的设计则以此基准标高为视点计算升起看台，保证每位观众都能看到靶场射击和冲刺环节（图5.7）。

131

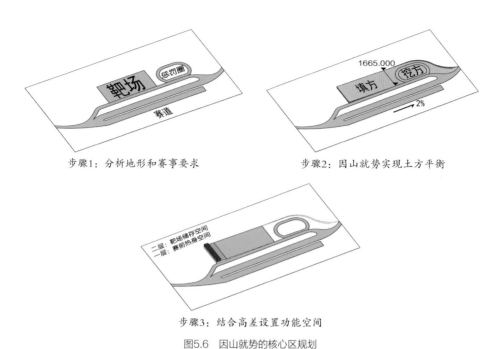

步骤1：分析地形和赛事要求　　　　步骤2：因山就势实现土方平衡

步骤3：结合高差设置功能空间

图5.6　因山就势的核心区规划

图5.7　从看台看靶场与两条并行赛道©THAD（图片摄影：吕晓斌）

2. 便于运动员穿越的下沉通道

在赛场核心区设置两条地下通道。西侧通道连接运动员场院、赛道起点以及起点前热身区。东侧通道则连接媒体场院与核心区内的主要拍摄点位，方便媒体与工作人员穿行。两条通道互不相连，保证了场地内的工作效率以及运动员的独立性（图5.8、图5.9）。为冬残奥会的参赛运动员特别设计从运动员区直达起点区的坡道流线，这条流线不会与比赛赛道出现交叉，避免了前几届场馆出现的残奥运动员只能穿行赛道的窘况[12]。

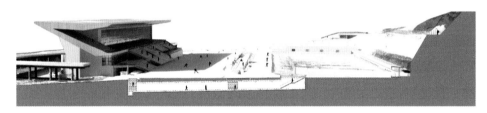

图5.8　核心区地下通道剖透视

图5.9　核心区地下通道平面图

3. 装配式临时设施的功能场院

国家冬季两项中心在技术楼之外大量赛时服务功能设置于场院综合区内。规划建设时需要统筹赛时需求与赛后利用，诸如安保区、运动员区等采用帐篷或集装箱临时建筑，可以直接装配使用，赛后也可以随时拆卸搬运走，既能缩短工时、节约人力成本，又便于赛后回收利用（图5.10～图5.13）。

1 靶场
2 惩罚圈
3 技术楼和固定看台
4 临时看台
5 功能场院
6 停车场
7 起终点赛道
8 冬奥会和冬残奥会赛道
9 冬残奥会坐姿赛道
10 室内热身区
11 长城下热身赛道
12 景观湖泊兼造雪蓄水池

总平面图 1:1800
0 50 100 200 500

图5.10 总平面图

1 竞赛场地
2 热身场地
3 场馆运行区
4 运动员区
5 安保区
6 观众区
7 媒体运行区
8 转播服务区
9 湖泊兼蓄水池

图5.11 场院布置图

图5.12　冬奥会期间的临时帐篷（图片摄影：志愿者杨臻）

图5.13　冬奥会期间的临时集装箱（图片摄影：志愿者杨臻）

5.2.3 中近尺度

1. 让出明长城和"雪如意"的布局

如果说2008年北京奥运会的场馆特征是"宏大而彰显"的，那么2022年北京冬奥会场馆的特征则是"低调而消隐"的[13]。技术楼的建筑造型干净利落、朴素大方，既有冬季两项中运动员射击的神态，又仿佛古代神箭手百步穿杨的身形，与这项运动"滑雪狩猎"的缘起暗合。古杨树赛区中，国家跳台滑雪中心"雪如意"身处制高点，是整个赛场的视觉中心，冬季两项中心在场地规划设计时有意让冲刺赛道与"雪如意"相对，技术楼和靶场在赛道两侧布置，运动员最终冲刺时的画面中，冬季两项中心和"雪如意"一左一右，形成强烈的视觉冲击力（图5.14）。

图5.14　赛场核心区鸟瞰©THAD（图片摄影：吕晓斌）

2. 技术楼通用空间弹性可变换

国家冬季两项中心的技术楼（图5.15）采用钢筋混凝土结构和钢结构屋顶，设计绿色目标前置，整体达到二星标准。建筑功能满足赛时需求的同时，也充分考虑赛后功能转换可能。建筑一层以赛事服务功能为主，三层、四层则设置赛事管理与技术服务用房。建筑二层衔接二层平台与看台，设置为架空层（图5.16）。赛时可设置临时观众服务设施，赛后则可作为其他功能使用。技术

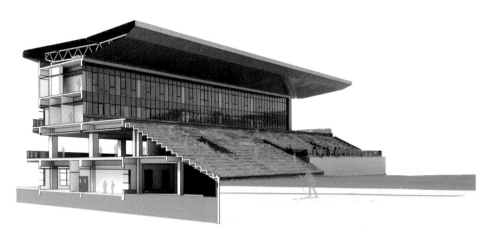

图5.15 技术楼剖透视图

图5.16 建筑二层架空层具备功能转换灵活性©THAD（图片摄影：吕晓斌）

楼的看台有5000个固定坐席，另设立5000个临时坐席，奥运会后拆除。建筑内部隔墙也采用可移动、可拆卸的轻质隔墙系统，方便赛后功能转化。国家冬季两项中心为冬奥会冬季两项比赛以及冬奥会后国际单项协会组织举行的世界锦标赛提供了保障，同时也为中国运动员提供了训练场地。该项目在完成奥运比赛的同时，也成为可持续发展的奥运遗产。

5.2.4 近尺度

1. 冲刺赛道防弹玻璃设计

作为雪上场馆，冬季两项中心赛道覆盖范围极广，但通常观众在看台上只能看到核心区冲刺赛道部分。为提升比赛的观赏性，在靶场北侧的山坡上，选取合适位置布置两条自东向西的赛道，运动员通过这两条赛道后冲刺下山，而后进入核心区赛道或靶场。这样的设置将整个比赛中最令人激动的部分展现在观众面前。为保证运动员的安全，在靶场后的赛道周边修建了防弹玻璃墙，防弹玻璃单块高2400毫米、宽2000毫米。采用总厚25毫米的热塑聚碳酸酯复合玻璃，可满足赛事使用步枪的防弹参数要求。观众可同时看到运动员滑雪、冲刺、射击，大大丰富了观赛的兴奋点（图5.17）。

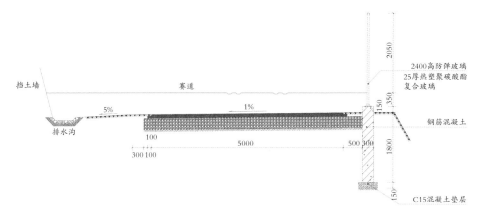

图5.17 防弹玻璃详图（单位：毫米）

2．气步枪和电子步枪转换

在冬残奥会的比赛中，运动员分为站姿、坐姿和视觉障碍运动员三类[14]。与冬奥会运动员50米的射击距离不同，冬残奥会运动员射击距离为10米。视觉障碍运动员不像其他运动员将枪支背在身上，而是在进入射击场地后使用放置在场地中的枪支。他们不使用子弹，而是使用激光束瞄准目标。在瞄准过程中，运动员会通过耳机中的声音信号来判断瞄准的程度，距离目标越近，则耳机中的蜂鸣声频率越高，目标锁定后，声音会变成持续信号[15]。站姿和坐姿运动员则使用的是气步枪，在比赛中需要专门为不同类别的运动员提供转换。

3．人工雪槽控制

为满足冬残奥会运动员的滑雪需求，在赛道造雪过程中会通过特殊的设备在雪道上刻出雪槽，方便运动员按此路径滑行。雪槽的数量由仲裁根据距离、宽度、赛道状况、比赛形式及报名数量决定。雪槽一般沿着赛道的最佳滑行路线设定，除非需要穿过曲线路径，否则一般安排在路线中间。雪槽的设置应保证宽度上不产生制动的效果即不触碰到运动员的雪板及缚靴带/固定器。雪槽的宽度（自两个雪槽中间测量）为22～23厘米，雪槽的深度为2～5厘米。局部赛道位置雪槽数量多于1对时，每对雪槽与旁边雪槽的中心距离应达到至少1.2米。这些数据的设计与运动员的身体构造和技术特点密切相关（图5.18）[16]。

5.3 场馆设计要点

国家冬季两项中心由场馆赛场部分、场院区及技术楼组成。赛场部分可分为周边赛道和核心区两部分，核心区包含靶场、起终点区、惩罚圈等场地。场院区按照使用人群划分为场馆运行区、运动员区、安保区、媒体运行区和转播服务

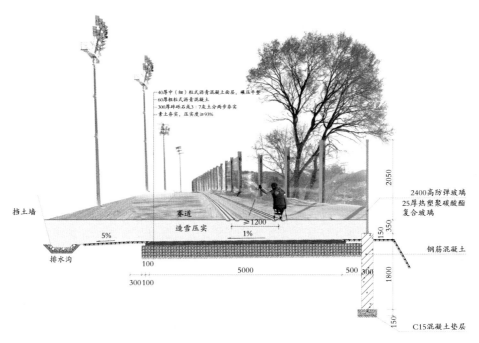

40厚中（细）粒式沥青混凝土面层，碾压平整
60厚粗粒式沥青混凝土
300厚碎砾石或3：7灰土分两步夯实
素土夯实，压实度≥93%

2400高防弹玻璃
25厚热塑聚碳酸酯
复合玻璃

钢筋混凝土

C15混凝土垫层

挡土墙

排水沟

赛道

造雪压实

2050

≥1200

1%

5%

150 350

100

5000

500 300

1800

300 100

150

图5.18　雪槽分析详图（单位：毫米）

区。技术楼临近赛场核心区，与观众看台结合，容纳了奥林匹克大家庭、赛事管理、技术官员办公等功能。该项目场馆从规划、设计、施工到验收的全过程都经过国际奥委会、国际单项组织和冬奥组委专家的审核，场馆能满足顶级赛事要求，设计达到国际同类型场馆的领先水平。

5.3.1　提升运动竞技表现

国家冬季两项中心的设计充分结合比赛特点，针对运动员的实际需求，考虑其赛前、赛中、赛后流线上的各个环节，吸取以往冬奥会场馆设计经验，打造以运动员为中心的场馆。赛前，运动员通常需要分批次从起点出发，而起点赛道及靶场通常位于赛场核心区的中间，为避免干扰正在赛道上滑行的运动员，国家冬季两项中心设置地下通道进行连通，在保障流线的同时也为运动员提供赛前保温。避免运动员在出发前的等待过程中失温，从而提升运动员的竞技状态。设计将主要试枪室与运动员休息室等综合设置在永久建筑内，并与赛场通过地下通道连接，避免了平昌的冬两场馆因运动员区距离比赛场地较远，运动员需要步行较远距离才能到达比赛起点的窘境。除此之外，设计还特地延长了运动员赛后从终点回到运动员区的流线，获胜的运动员可以从看台前经过，接受观众的欢呼，而成绩不甚理想的运动员则可以利用看台下的流线，避开观众的视线回到运动员区。

5.3.2   打造顶级观赛体验

冬季两项比赛由远古时代滑雪狩猎演化而来，技术楼的建筑造型干净利落、朴素大方，既有冬季两项中运动员射击的神态，又仿佛古代神箭手百步穿杨的身影。国家跳台滑雪中心雪如意身处制高点，是古杨树赛场的视觉中心，场地规划设计时有意让冲刺赛道与雪如意相对，技术楼和靶场区布置于赛道两侧，在运动员最终冲刺时形成强烈的视觉冲击力（图5.19）。

图5.19　技术楼及冲刺赛道与远处的"雪如意"©THAD（图片摄影：吕晓斌）

141

冬季两项比赛赛道覆盖范围较广，但通常观众看台视线能够覆盖的部分则只有赛场的核心区部分，这会大大降低比赛的可看性。为此，设计一方面尽量增加观众视线可覆盖的范围，另一方面提升核心区内的比赛激烈程度。赛道主要分布在东西向的山谷内，运动员在南北两侧山坡间往返滑行，技术楼与看台位于山谷西侧地势较低的地方，观众向东看时，可看到运动员在山谷间左右穿梭，而古长城遗址蜿蜒于远山之上，增加了观看比赛的激情。观众看台紧邻冲刺赛道，永久看台与临时看台环抱整个赛场核心区，为赛场创造热烈的观赛氛围。在靶场北侧的山坡上，设置两条自东向西的赛道，运动员向西滑下山坡，而后出现在核心区的赛道上，或冲刺，或接力，或射击。这一过程完全暴露在观众和摄影机的视野中，将比赛最具激情的部分展现在观众面前，大大提升了比赛的观赏性。

赛时观众疏散作为往届冬奥会冬季两项比赛的痛点之一，这次做了比较特别的应对。古杨树场馆群通过整体架空的"冰玉环"衔接各个场馆，将观众流线与其他流线有效分流，互不交叉。观众从"冰玉环"上缓缓下来，能欣赏到现代建筑与自然山水，还能看到热身的运动员，预热观赛体验。

5.3.3 场地合理高效运行

国家冬季两项中心由场馆赛场部分、场院区及技术楼组成。赛场部分可分为周边赛道和核心区两部分，核心区包含靶场、起终点区、惩罚圈等场地。场院区按照使用人群划分为场馆运行区、运动员区、安保区、媒体运行区和转播服务区。临时设施的安全性与舒适性至关重要。在平昌冬奥会期间，场馆媒体中心与新闻发布厅本来是两个紧邻的独立帐篷。后因天气原因，导致新闻发布厅的帐篷被大风吹走。后来新闻发布厅被挪到了场馆媒体中心的敞篷内，挤占了记者的工作空间，也给新闻发布和采访活动也带来了较大的干扰。

大型赛事的运动场地可划分为前院区和后院区，前院区主要为比赛场地和观众区，后院区则容纳了支撑赛事正常运转的其他服务功能。

古杨树场馆群以"冰玉环"串联三大场馆,观众在平台入口处进入平台二层,到达各场馆坐席区。平台下则设置机动车道路,除少数有特殊需求的观众(如残障观众)外,均为后院服务人员流线。这样的设置使得前院和后院流线高效分流。

在场地布置上,技术楼位于"冰玉环"北侧,东西两侧是场院区。技术楼北侧是起终点区,起终点区北侧是靶场。靶场东侧紧邻惩罚圈,靶场西侧为结合地形设置的二层建筑,与靶场同标高的是靶场储存区,比靶场低一层的是室内热身场地,与地下通道连接,为运动员赛前准备提供室内场所。起终点区地下有两条地下通道,将赛道南侧的技术楼和场院区与赛道北侧的靶场联系在一起,使得穿行人群和赛道起终点的运动员流线独立。在冬两比赛的很多赛制中,运动员是间隔一定时间依次出发的,因此起终点区很长时间都会有运动员滑行,这样的核心区布局,使得运动员的赛事活动和其他人群的流线互不干扰。

在场院布局上,紧挨技术楼西侧的是运动员区,运动员的打蜡房、休息区等都位于这里,运动员赛前可通过西侧地下通道快速到达起点区,赛后也可通过技术楼看台下的通道快速回到运动员区,这样的设置大大节省了运动员的体力。紧挨技术楼东侧的是新闻媒体区和转播服务区,转播员的解说包间位于场院北侧,正对赛道终点区,而媒体记者可以通过东侧的地下通道快速到达靶场的摄影点位。这样的设置方便媒体工作者呈现比赛场景。运动员区和新闻媒体区这两大功能区是与赛事结合最为紧密的,二者临近技术楼和赛场核心区,有利于场地合理高效运行。其余场院,如场馆运行区、安保等则在东西两侧外围展开。

5.3.4　创造可持续经济效益

张家口赛区是北京2022冬奥会与冬残奥会的三大赛区之一,相比北京赛区与延庆赛区,位于河北省的张家口赛区本身经济和交通并不发达。国家冬季两项中心所在的崇礼区,在迎来冬奥会之前,虽然集中了大量的滑雪场地,但本身经济发展较为落后。因此，如何利用冬奥会契机为当地经济带来长久可持续的发展，是设计的核心要点。

在上位规划中，高铁的修建将北京到崇礼的路程时间缩短到了两个小时以内，这意味着未来，崇礼将有机会吸引更多来自北京的游客。场馆所在的古杨树村位于山脉之间，冬季白雪覆盖，夏季则气温宜人。因此，将冬奥遗产转化为四季户外度假休闲地将是一个提振地方经济的好机会。

在场馆设计中，设计团队将关注点由建筑本体更多地转移到场地和景观上。通过尽量减少固定建筑和硬化路面，尽量还原场地自然原貌。具体的设计措施包括：尽量保留现状树木和小溪，因山就势规划赛道布局；将储水水库与景观湖泊结合，打造地段内不可多得的水系景观；采用砾石赛道，方便赛后多功能使用；进行长城遗址照明设计，增加场地人文气息。在场地132公顷的用地内，仅建造了不到8000平方米的固定建筑，其余赛时为临时设施采用租借等方式，赛后全部撤走，可形成大量户外活动场地。固定建筑本身也采用可拆卸隔墙系统，方便赛后功能转化。伴随着冬奥会的成功落幕，冬奥遗产已逐渐融入自然，成为当地的自然研学营地，场院用地转化为活动场地，惩罚圈用地结合人工草坪成为室外瑜伽、音乐会的场地，景观湖泊周边则成为露营场地。到了冬天，这里则迎来冬季两项、越野滑雪等多样雪上赛事；其他季节，则成为京津冀地区兼具自然风光和奥运人文特色的户外休闲目的地。全季旅游填补了当地旅游市场的空白，也为当地创造可持续的经济效益。

5.3.5 多人群使用的健康场馆

作为古杨树赛区唯一同时举办冬奥会和冬残奥会的场馆，国家冬季两项中心在设计初期就充分考虑无障碍设计。针对残障观众，特意在技术楼西侧的交通核内设置无障碍电梯，残障观众和陪同人员可方便到达看台二层的无障碍坐席。同时，无障碍坐席可通过二层架空平台，方便到达观众服务设施。

冬残奥会的运动员可分为坐姿、站姿和视觉障碍三类运动员。其中坐姿滑雪运动员需要采用特殊的坐姿雪具，对于赛道的坡度和宽度有特殊要求，因此，设计中特意在场地的西侧山坡上，设置专用坐姿滑雪赛道，这些赛道坡度更缓。在冬奥会期间，这些赛道也可以作为冬奥会运动员的热身赛道。在冬奥会赛后，这些赛道则可作为青少年滑雪训练赛道。

同时，靶场的设计也可适应不同人群需求。靶场的射击距离是50米，而在距离射击位10米的位置则预留了管线路由和结构基础，在冬残奥会期间，在10米位置可快速建造靶子与背景墙，将靶场的射击距离转化为10米。

这些多功能的复合设计，在赛时可以满足不同类型赛制和不同类型运动员的需求，在赛后也可提供多样的体育设施，使得国家冬季两项中心成为真正意义上的多人群使用的健康场馆。

本章参考文献：

[1] 张铭琦，梅笑寒，庞凌波，等. 张家口赛区：服务地方长期发展的雪上赛区规划设计[J]. 建筑学报，2021（S1）：134-141.

[2] 北京2022年冬奥会和冬残奥会组织委员会. 可持续·向未来——北京冬奥会可持续发展报告（赛后）[R]. 2023.

[3] 张利. 可持续规划设计的冬奥答卷[J]. 北京规划建设，2021（5）：149-157.

[4] 梁思思. 基于可持续"3E"视角的城市设计策略思考——以街道空间为例[J]. 城市建筑，2017（15）：38-42.

[5] CAMPBELL S. 绿色的城市发展的城市公平的城市？——生态、经济、社会诸要素在可持续发展规划中的平衡[J]. 刘宛，译. 国外城市规划，1997（4）：17-27.

[6] 孙澄，高亮，黄茜. 特集：冬奥会场馆规划与设计的溯源与流变[J]. 建筑学报，2019（1）：8.

[7] TRON Audun. Metamorphosis[M]// BJØRNSEN Knut，et al.The Official Book of the XVII Olympic Winter Games Lillehammer 1994. Oslo: J.M. Sterersens Forlag A.s., 1994.

[8] 张利，张铭琦，邓慧姝，等. 北京2022冬奥会规划设计的可持续性态度[J]. 建筑学报，2019（1）：29-34.

[9] 中国网. 新闻办就《长城保护总体规划》有关情况举行发布会[EB/OL], 2019-01-24/2021-4-12. http://www.gov.cn/xinwen/2019-01/24/content_5360848.htm.

[10] International Olympic Committee. OLYMPIC AGENDA 2020 20+20 RECOMMENDATIONS.

[11] 施卫良，桂琳. 顺势而行——关于北京2022年冬奥会规划设计工作的一些思考[J]. 世界建筑，2015（9）：20-25，137.

[12] 张维，赵婧贤，贾园. 基于可持续的多目标集成冬季两项场馆策划[J]. 当代建筑，2020（11）：17-19.

[13] 李兴钢. 文化维度下的冬奥会场馆设计——以北京2022冬奥会延庆赛区为例[J]. 建筑学报，2019（1）：35-42.

[14] 王润极，徐亮，阎守扶，等. 分级视角下残疾人冬季两项运动的关键竞技特征分析[J]. 首都体育学院学报，2020，32（2）：178-185.

[15] International Paralympic Committee. How to hit the target without sight.[EB/OL]. (2014-12-5).

[16] International Paralympic Committee. World Para Nordic Skiing Rules and Regulations 2020/2021.

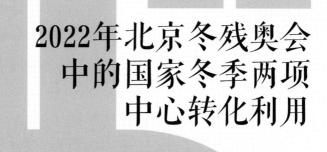

2022年北京冬残奥会
中的国家冬季两项
中心转化利用

6.1 冬残奥会需求整体统筹

6.1.1 比赛形式

2022年北京冬奥会结束后，国家冬季两项中心作为2022年北京冬残奥会的5个竞赛场馆之一，承担了冬残奥会冬季两项和残奥越野滑雪项目，即残疾人北欧滑雪项目的比赛[①]。

1. 残疾人北欧滑雪

残疾人北欧滑雪是两个不同残疾人运动项目的统称，即残疾人冬季两项和残疾人越野滑雪。项目分为坐姿、站姿、视觉障碍三个组别，其中坐姿组赛道与其他组别相比难度较小，相对容易，运动员在人工开出的雪槽内滑行。站姿组及视觉障碍组比赛全部采用自由滑雪技术，参加视觉障碍项目的运动员可配有领滑员。

2. 冬残奥会残奥越野滑雪项目

残疾人越野滑雪是开展最为广泛的一个残疾人冬季运动项目，从第一届埃舍尔斯维克冬残奥会起就被列为正式比赛项目。1984年前，所有选手在所有距离的越野滑雪中都会使用传统滑雪技术，1984年因斯布鲁克冬残奥会上自由滑雪技术被引入，之后，越野滑雪被分成两个独立的比赛项目，即传统技术和自由技术。1992年法国阿尔贝维尔冬残奥会上，自由技术比赛被正式授予奖牌。

[①] 自2022年7月起，国际残疾人奥林匹克委员会移交残奥雪上运动的管理权，由国际滑雪联合会（FIS）和IBU共同负责残奥雪上项目的管理。本书中有关残疾人北欧滑雪的比赛形式、规则要点和对场地空间要求的信息出自2023年版本的FIS官方文件。详情可参见International Competition Rules (ICR) Nordic Combined January 2023. [EB/OL]. (2023-1-6). [2023-8-7].https://www.fis-ski.com/en/inside-fis/document-library/nordic-combined-documents

残奥越野滑雪参赛运动员为肢体残疾和盲人/视障运动员。根据功能损伤不同，运动员可以采用站姿滑雪，也可以采用坐姿滑雪，在一对滑雪板上装备一个椅子，运动员坐在椅子上滑行。视障运动员与一名视力正常的引导员一起参加比赛。男女运动员采用传统技术或自由技术在短距离、中距离和长距离（2.5～20公里）进行比赛或参加团队接力。北京冬残奥会残奥越野滑雪比赛共设置20个奖项，分为短距离、中距离、长距离三个个人项目和混合接力、公开接力。个人项目根据运动员残障情况不同，又各分为坐姿、站姿、视觉障碍三个组别。各组别运动员比赛成绩乘以相应分级系数才是最终成绩（表6.1）。

比赛线路要求上坡、下坡和起伏各约占1/3。一般情况下，站姿组和视觉障碍组的赛道难度高于坐姿组，坐姿组赛道落差与角度的难度相对较小，路线相对容易。传统技术比赛场地需要压制专用雪槽。自由技术比赛场地需要宽阔平整，对技术动作没有限制。接力项目要求运动员交替采用传统技术和自由技术。

残疾人越野滑雪比赛项目　　　　　　　　　　　　表6.1

小项	分级	性别	总距离（公里）	姿势	单圈长度（公里）	圈数（圈）
短距离项目	LW10-12	男	1.1	坐姿	1.1	1
		女	1.1	坐姿	1.1	1
	LW2-9	男	1.5	站姿	1.5	1
		女	1.5	站姿	1.5	1
	B1-3	男	1.5	站姿	1.5	1
		女	1.5	站姿	1.5	1
中距离项目	LW10-12	男	7.5	坐姿	2.5	3
		女	5	坐姿	2.5	2
	LW2-9	男	10	站姿	2	5
		女	10	站姿	2	5
	B1-3	男	10	站姿	2	5
		女	10	站姿	2	5

续表

小项	分级	性别	总距离（公里）	姿势	单圈长度（公里）	圈数（圈）
长距离项目	LW10-12	男	15	坐姿	3	5
		女	12	坐姿	3	4
	LW2-9	男	20	站姿	5	4
		女	15	站姿	5	3
	B1-3	男	20	站姿	5	4
		女	15	站姿	5	3
接力 4×2.5公里	混合接力	传统式	5	坐姿	2.5	2
		自由式	5	站姿	2.5	2
	公开接力	传统式	5	坐姿	2.5	2
		自由式	5	站姿	2.5	2

3. 冬残奥会残奥冬季两项项目

残疾人冬季两项在1988年因斯布鲁克冬残奥会上被列为比赛项目。1992年，视觉障碍运动员也有资格参加残疾人冬季两项比赛。比赛项目包括2公里或2.5公里的滑雪路线，选手将完成3次或5次滑雪，总比赛距离在6～15公里。每完成一轮滑雪，运动员需要完成一次射击。射击距离为10米。视觉障碍的运动员使用电子步枪，由声学信号辅助完成射击，步枪移动时会产生不同音调，步枪指向目标中心的距离越近音调越高，由此帮助选手准确地找到靶位中心。

2022年北京冬残奥会残奥冬季两项比赛共设置18个小项，短距离包括男子7.5公里、女子6公里；中距离包括男子12.5公里、女子10公里；长距离也叫个人赛，包括男子15公里、女子12.5公里。冬残奥会残奥冬季两项项目总比赛距离在

6~15公里，每圈2.0~2.5公里，采用自由式技术滑雪3圈或5圈。其间，运动员必须击中10米远的射击靶，每次脱靶将被惩罚从而增加总的路线时间。最重要的成功因素在于比赛中的身体耐力和射击精准度之间转换的能力。视障的运动员通过声音信号辅助，依靠信号强度，指示什么时候运动员射击。残奥冬季两项分级与成绩计算方法和残奥越野滑雪相同，分为坐姿、站姿、视觉障碍三个组别，滑雪赛道与残奥越野滑雪的赛道要求基本相同，坐姿组赛道与其他组别相比难度较小，路线相对容易，运动员在人工开出的雪槽内滑行。站姿组及视觉障碍组比赛全部采用自由滑雪技术。参加视觉障碍项目的运动员可配有领滑员（表6.2）。

2022年北京冬残奥会残奥冬季两项比赛项目　　表6.2

小项	分级	性别	总距离（公里）	姿势	单圈长度（公里）	圈数（圈）
短距离项目 惩罚圈： 坐姿：100米 站姿：150米 2次射击	LW10-12	男	7.5	坐姿	2.5	3
		女	6	坐姿	2.0	3
	LW2-9	男	7.5	站姿	2.5	3
		女	6	站姿	2.0	3
	B1-3	男	7.5	站姿	2.5	3
		女	6	站姿	2.0	3
中距离项目 惩罚圈： 坐姿：100米 站姿：150米 4次射击	LW10-12	男	12.5	坐姿	2.5	5
		女	10	坐姿	2.0	5
	LW2-9	男	12.5	站姿	2.5	5
		女	10	站姿	2.0	5
	B1-3	男	12.5	站姿	2.5	5
		女	10	站姿	2.0	5
长距离项目 无惩罚圈： 脱靶1次 罚时1分钟 4次射击	LW10-12	男	15	坐姿	2.5	6
		女	12.5	坐姿	2.5	5
	LW2-9	男	15	站姿	2.5	6
		女	12.5	站姿	2.5	5
	B1-3	男	15	站姿	2.5	6
		女	12.5	站姿	2.5	5

短距离比赛中运动员有两轮射击，中距离和长距离各有四轮射击。射击滑行时枪支不用随身携带，站姿组和视觉障碍组运动员均采用卧姿。坐姿组运动员可以选择卧姿或坐姿。视力受损运动员（B级）的靶位直径21毫米，身体残疾运动员的靶位直径13毫米（LW级）。视觉障碍组运动员使用装配有声瞄准系统的电子步枪，运动员通过佩戴耳机收听电子靶位的提示音，辨别方位并进行射击。其他组别的运动员使用气步枪。领滑员在靶场区域内除滑行所必需的语言提示外，不得与运动员进行其他交流。站姿组上肢残疾的运动员可以使用辅助工具完成射击。运动员每轮射击都有5发子弹，短距离和中距离比赛脱靶1次，需在惩罚道加罚1圈。站姿组、视觉障碍组惩罚圈周长150米，坐姿组惩罚圈周长100米，长距离比赛脱靶一次，加罚1分钟。各组别比赛成绩乘以运动员相应分级系数后得到最终比赛成绩。

6.1.2 规则要点

1. 出发规则

残疾人北欧滑雪的各项比赛中使用间接出发、集体出发、追逐出发及预赛出发等形式。

间接出发的时间间隔一般为0.5分钟（短距离项目的资格赛阶段为15秒）。间隔时间长短可由裁判决定，出发时倒计时5秒然后明确发出出发指令。运动员出发前双脚要保持在起点线以内，赛事官员应将手放在视觉障碍运动员肩上保证其出发前身体保持在起点线以内。运动员在出发指令发出前3秒和后3秒之内均为有效。超过前3秒出发视为犯规，在指令发出3秒后出发计入成绩。晚出发的运动员不得妨碍其他人出发。无论电子计时或人工计时，必须记录运动员的实际出发时间，以便于裁判决定其出发是否因不可抗力而遭到延迟。

集体出发时运动员按照箭头形状依次排开队形，顺序号为1的运动员占据最有利位置，之后则依次递减。每名运动员应以固定装置隔开。出发顺序号为1的运动员安排在正中间，其他运动员依次按照奇数号在左边、偶数号在右边的次序以号为中心排列。为保证出发的公平，如遇雪况或地面不平情况，各序号的位置可以稍作调整。集体出发指令发出前2分钟，通知所有参加本项比赛的运动员到场集合于起点线处，出发前1分钟及30秒时发出"剩余1分钟"及"剩余30秒"的提醒。所有运动员准备好出发并保持不动时，发出出发指令。集体出发时需要设定20～50米的平行出发雪槽，各运动员不能离开指定的雪槽，同时应保证雪槽不造成出发时拥堵。

追逐出发时出发顺序及间隔时间按照个人积分及首场比赛的结果决定。为避免赶超或比赛时间过长，裁判可以允许晚出发的运动员采用集体出发或预赛出发的形式，也可以减少出发人数。追逐出发不需使用电子出发门，需要使用摄像机记录出发过程以供裁判回放使用。为保证出发准确无误，应设立电子计时显示屏。

个人比赛出发顺序一般为坐姿组、视觉障碍组和站姿组，通常安排男子在女子前面出发。出发顺序由裁判委员会最终确定。比赛均采用间隔出发，出发顺序由抽签、积分系统排名、资格体系等方法决定。残奥越野滑雪接力可以由2～4名运动员参加比赛，第一棒和第三棒赛道为传统技术赛道，第二棒和第四棒赛道为自由技术赛道。混合接力要求必须至少有一名女运动员参加。公开接力不限制性别。

2. 滑雪规则

站立式滑雪运动员可以使用传统技术或自由技术。接力比赛中，第一棒及第三棒使用传统技术，第二棒和第四棒使用自由技术。站姿运动员可根据其身体状况采用两个、单个或不使用雪杖进行比赛。全盲或几乎全盲运动员需要佩戴眼镜，由领滑员使用扬声器引导配合完成比赛。低视力运动员可以选择比赛时是否使用领滑员。

站立式滑雪的运动员的器材包括一个固定的不可调节的座位，放置于滑雪板上。座位各连接处不能安装弹簧等弹性部件，座位与雪板连接处不可调节。设计尽量轻巧以便减轻运动员负担，减少体力消耗。座位底部与雪板顶端允许的最大高度为40厘米（包括未被压缩的坐垫）。坐式项目比赛中，根据分级规则，运动员全程必须保持臀部与座位接触，不能离开座位。为保证臀部不移动，必须使用无弹性绑带将运动员的大腿或臀部固定在座位上（图6.1）。

残奥坐姿滑雪　　　　　　　　　　　残奥站姿滑雪颌滑员

图6.1　冬残奥会残奥冬季两项运动员滑雪

3. 射击规则

残疾人冬季两项比赛射击距离为10米。LW级别运动员使用10米气步枪，B级别运动员使用10米电子射击系统。训练及比赛中的射击必须在射击道内进行。运动员在完成规定动作后才能进行射击，射击后要保持射击姿势不动，每轮击发5次；由本队随队工作人员根据技术代表的指示在射击道进行辅助并将步枪递给LW级别运动员，枪支传递过程中不能上膛。

运动员应保证步枪只接触到标记区域之间的步枪支架上（在平衡点前后5厘米处）。气步枪的底座必须平整。不得使用支架、固定装置或黏合剂将步枪固定在步枪支架上。不得对步枪进行改装，不得为增加步枪稳定性而增加重量、金属板或其他物件，不得改变步枪的自然平衡点。允许使用吊带射击辅助装置用以固定步枪。LW5/7及LW6/8级别运动员可以在比赛中使用组委会提供的步枪支撑装置。一般情况下不允许使用个人携带的支撑装置，但如果LW5/7级别运动员由于身体条件限制，可以在技术代表检查后使用个人携带的支撑装置，未经检查使用将被取消比赛资格。运动员应保证枪支支撑装置只接触平衡点前后5厘米处的标识区。LW6/8级别运动员使用支撑装置只能用一只手进行操作，装置要保持垂直，不允许前后移动。使用步枪支架的LW5/7、LW6和LW8级别运动员只得在上脸或扣好扳机时用另一只手/手臂触碰步枪，不得在射击时用另一只手/手臂接触或把稳步枪。

无论训练或比赛，运动员必须从靶场地左侧进入，从右侧退出（以面对靶为准）。出入靶场时，射击道向外10米以内必须设立明显的标识，标明此区域的禁行信息。

站姿组和视觉障碍组运动员均采用卧姿。坐姿组运动员可以选择卧姿或坐姿。视觉障碍组运动员使用装配有声瞄准系统的电子步枪，运动员通过佩戴耳机收听电子靶位的提示音，辨别方位并进行射击。其他组别的运动员使用气步枪（图6.2）。

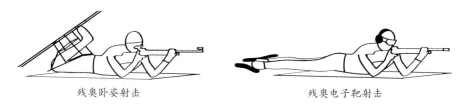

残奥卧姿射击　　　　　　　残奥电子靶射击

图6.2　冬残奥会冬季两项运动员射击

4. 完赛规则

视觉障碍运动员的成绩以其本人而非其领滑员出发及到达的时间为准。运动员的排名以其越过终点线垂直线前脚尖的时间为准，坐姿运动员以前端固定器为准。如果运动员冲过终点线时摔倒，其成绩以所有身体部位在不借助他力的前提下通过终点线的时间为准。

6.1.3　对场地和空间的要求

1. 场地总体要求

比赛场地必须合理设计起终点区域；比赛场地相关区域必须有适当的分隔及控制措施，如设置大门、防护栏及标识区等。这些防护措施应做到：运动员可以多次通过、所有参赛人员及观众可以轻易地确定各功能区，确保各项比赛空间足够，包括惩罚赛道。

交接棒区：接力项目中交接棒区域范围应宽阔充足、标识明显，设置于平整光滑的地段。交接棒区的长宽应根据场地大小和比赛形式调整。

修理站：如果比赛允许更换滑雪板，则组委会必须为每个代表队设立专门的修理站，并以国旗或缩写作为区别标识。同时，应当为不进入修理站的运动员提供最短路径的通道。修理站的位置和数量由裁判根据报名数量及实际场地大小决定。

工作条件：应为比赛技术官员、教练员、媒体等在赛场内设置适当的工作区域，出入工作区域需要凭借相关证件。计时员及记分员应安排在可以清楚看见起终点的建筑物内。冬残奥会及世界锦标赛比赛中，组委会应为IPC官员和执委准备方便出入赛场的单独的工作间。医务人员使用的房间必须适当供暖。

附属设施：冬残奥会和世界锦标赛期间，应设置队伍准备区域及打蜡区。此区域应适当供暖通风且靠近赛场。在打蜡区附近应设置信息公布栏，用以公布成绩、通知、温度等信息。其中，温度应按以下时间予以公布：比赛开始前2小时、比赛开始前1小时、比赛开始前半小时、比赛开始时、比赛开始后半小时、比赛开始后1小时。在场馆区域内和极端温度（如最高温、最低温）可能产生的地点进行温度测量。无障碍卫生间及盥洗室应设置于靠近比赛场地处，尤其应靠近起点。

2. 准备和起跑区

赛道前50米为起点区，此区域需要分隔，分隔的宽度、长度由仲裁根据比赛形式及场地设置决定，分隔的长度应尽可能长；出发位置根据比赛形式决定，具体见"赛道与赛场技术"章节。

3. 赛道与赛场要求

赛道在初雪前就应准备好，以保证即使雪量稀少也能滑行。岩石、树根等障碍应予以铲除。赛道不可积水。准备工作应保证雪厚度在30厘米左右时也能正常使用。下坡部分尤其应注意转弯处的设计。赛道的准备应完全由机械化工具完成。如使用重型机械，应尽量保持地面的原始地理起伏状态。坡道上的赛道如果曲折迂回，应保证其宽度。赛道、热身道及射击区域必须在训练之前就完全准备好，并且对距离做好明显的公里数标识。禁止使用人工方法提高雪面的平滑度，在特殊情况下可以使用化学方法以防止雪面过软。

对于传统滑雪技术，赛道需要做出的准备有：雪槽的数量由仲裁根据距离、宽度、赛道状况、比赛形式及报名数量决定。雪槽一般沿着赛道的最佳滑行路线设定，除非需要穿过曲线路径，否则一般安排在路线中间。赛道曲折时雪槽的选择应保证滑行顺畅。如果赛道角度太小且滑行时可能导致速度过快，应另选雪槽。另外，应将雪槽设置在靠近防护栏的地方以避免在防护栏和雪槽之间的位置滑行。设置赛道和雪槽时应考虑高水平运动员极可能出现的高速滑行等极端情况。雪槽的设置应保证宽度上不产生制动的效果，即不触碰到雪板及缚靴带/固定器。各雪槽之间的距离自中间测量起达到22～23厘米。即使在坚硬或冻住的雪地上，雪槽的深度也应该在2～5厘米，不论雪的软硬程度。当雪槽数量多于1对时，每一对雪槽与旁边雪槽的距离应达到至少1.2米（从每对雪槽的中部开始测量）（图6.3）。

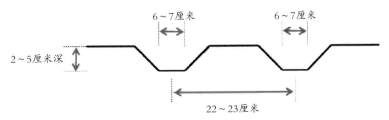

图6.3 雪槽剖面示意图

对于自由技术，赛道需要做出的准备有：保证比赛期间赛道保持不变；下坡处的雪槽设置地点及方法由仲裁决定；在旁边另设一条雪槽供使用传统技术的运动员使用；如果有站姿和坐姿运动员均使用传统技术，应另外准备2对雪槽。

赛道必须清晰标识以保证运动员明确赛道的走向。冬残奥会和世界锦标赛标识的颜色应提前明确。千米距离标识应沿整个赛道设置。岔路口、十字路口必须清晰标识，防护栏及V形板应放置于赛道空闲处。

赛道长度与宽度要求具体如下。

（1）残疾人越野滑雪比赛

间隔出发比赛是指每名运动员按照各自的指定时间出发，比赛成绩按照终点时间减去出发时间记录。冬残奥会越野滑雪的短距离、中距离、长距离均采用间隔出发。冬残奥会中越野滑雪间隔出发项目的赛道形式要求具体如表6.3所示。

冬残奥会中越野滑雪间隔出发项目的赛道形式要求　　　　表6.3

间隔出发	仅坐姿	坐姿+站姿	仅站姿
	传统技术	传统+自由	自由技术
赛道			
宽度（最小值）（米）	3	9	6
传统雪槽	2条	2条在两侧	1条在一侧
雪槽间距（米）	至少1.2		
出发区			
宽度（最小值）（米）	3	5	4
准备区	1条通道	1条通道	1条通道
传统雪槽	1条	1条	0

续表

间隔出发	仅坐姿	坐姿+站姿	仅站姿
终点区			
宽度（最小值）（米）	12	12	12
通道数量	4条	3条	3条
雪槽数量	4条（位于通道中部）	4条（2条位于终点两侧，2条位于通道中部）	4条（2条位于终点两侧，2条位于通道中部）

追逐赛中运动员的出发时间由相应系数及以往比赛（预赛中的计算时）的成绩决定，最终成绩（第二轮比赛）由冲过终点线的实际时间为准，冬残奥会中越野滑雪追逐赛赛道形式要求如表6.4所示。

冬残奥会中越野滑雪追逐赛赛道形式要求　　　　　　　表6.4

追逐赛	仅坐姿	坐姿+站姿	仅站姿
	传统技术	传统+自由	自由技术
赛道			
宽度（最小值）（米）	3	9	9
传统雪槽	3条	2条在两侧	1条在一侧
雪槽间距（米）	至少1.2		
出发区			
宽度（最小值）（米）	6	14	14
准备区	3条通道	3条通道	3条通道
传统雪槽	4条	4条	0条
终点区			
宽度（最小值）（米）	12	12	12
通道数量	4条	3条	3条
雪槽数量	4条（位于通道中部）	4条（2条位于终点两侧，2条位于通道中部）	4条（2条位于终点两侧，2条位于通道中部）

冲刺赛预赛与决赛中使用的赛道应该是同一条，应保证在比赛期间赛道宽度保持不变。赛道要保持笔直，其宽度和长度要足够运动员赶超他人。应尽可能为LW 2-9/B1-3级别运动员在赛道的一侧设置一条雪槽。LW10-12级别运动员也使用赛道时，应设置2条雪槽。赛道宽度应为6～12米，无急转弯。终点区应为传统技术运动员设置4条赛道、4对雪槽；为自由技术运动员设置3条赛道（每条4米宽），赛道由2条传统雪槽等距隔开供坐姿运动员使用。冬残奥会中越野滑雪冲刺赛赛道形式要求如表6.5所示。

冬残奥会中，每个国家可以派出一队参加接力比赛。每名运动员只能参加一项接力赛。其他级别的比赛中仲裁可以决定每个国家派出一个以上队伍或两个以上国家组队参加接力赛。每名运动员只能代表一支队伍参加接力赛。

混合接力：各队的系数为335%及以下，由个人系数之和计算得出，但每一棒的女运动员系数需要减去15%，坐姿运动员系数减去12%（采用坐姿的女运动员系数减去27%）。混合接力比赛中必须至少有一名女运动员参赛。

公开接力：各队的系数为375%及以下，由个人系数之和计算得出，但每一棒的女运动员系数需要减去15%，坐姿运动员系数减去12%（采用坐姿的女运动员系数减去37%）。

冬残奥会中越野滑雪冲刺赛赛道形式要求　　　　　　表6.5

冲刺赛	仅坐姿	坐姿+站姿	仅站姿
	传统技术	传统+自由	自由技术
赛道			
宽度（最小值）（米）	6	12	9
传统雪槽	2~3条	2条在两侧	1条在一侧
雪槽间距（米）	至少1.2		
出发区			
宽度（最小值）（米）	12	14	14

续表

冲刺赛	仅坐姿	坐姿+站姿	仅站姿
准备区	3条通道	3条通道	3条通道
传统雪槽	4条	4条	0
终点区			
宽度（最小值）（米）	9	9	9
通道数量	3条	2条	2条
雪槽数量	3条（位于通道中部）	4条（2条位于终点两侧，2条位于通道中部）	4条（2条位于终点两侧，2条位于通道中部）

交接棒区第一棒的距离可以根据赛场的地形设置±5%。应用传统技术时，原则上，赛道上应准备2条雪槽，并符合坐姿比赛标准；应用自由技术时，赛道宽度应尽可能宽（6～9米），赛道全程设置1条雪槽。

（2）冬季两项比赛

冬季两项冲刺赛使用间隔出发，在过程中需要绕行赛道三圈，进行两次射击，每当一个目标未被击中时，选手在射击结束后需在150米长的惩罚赛道滑行一圈才能继续进行比赛。冬残奥会冬季两项冲刺赛赛道形式要求如表6.6所示。

冬残奥会冬季两项冲刺赛赛道形式要求　　　　　表6.6

短距离项目	仅坐姿	坐姿+站姿	仅站姿
	传统技术	传统+自由	自由技术
赛道			
宽度（最小值）（米）	3	9	6～9
传统雪槽	2条	2条位于两侧	1条位于一侧
雪槽间距（米）	至少1.2		
射击范围			
射击道	12B/18LW		
惩罚赛道			
惩罚赛道长度（米）	150（站姿）/100（坐姿）		

161

短距离项目	仅坐姿	坐姿+站姿	仅站姿
出发区			
宽度（最小值）（米）	3	5	4
准备区	1	1	1
传统雪槽	1条	1条	0
终点区			
宽度（最小值）（米）	12	12	12
通道数量	3条	3条	3条
雪槽数量	4条		

中距离赛使用间隔出发，在过程中需要绕行赛道5圈，进行4次射击。每当一个目标未被击中时，选手在射击结束后需在150米长的惩罚赛道滑行一圈才能继续进行比赛。冬残奥会冬季两项中距离赛赛道形式要求如表6.7所示。

冬残奥会冬季两项中距离赛赛道形式　　　　　　　表6.7

中距离赛	仅坐姿	坐姿+站姿	仅站姿
	传统技术	传统+自由	自由技术
赛道			
宽度（最小值）（米）	3	9	6~9
传统雪槽	2条	2条位于两侧	1条位于一侧
雪槽间距（米）	至少1.2		
射击范围			
射击道	12B/18LW		
惩罚赛道			
惩罚赛道长度（米）	150（站姿）/100（坐姿）		
出发区			
宽度（最小值）（米）	3	5	4
准备区	1	1	1

续表

中距离赛	仅坐姿	坐姿+站姿	仅站姿
传统雪槽	1条	1条	0
终点区			
宽度（最小值）（米）	12	12	12
通道数量	4条	3条	3条
雪槽数量	4条		

　　冬季两项长距离赛采用间隔出发，射击4次，绕道5圈，每次未击中目标罚时1分钟，冬残奥会冬季两项长距离赛赛道形式要求如表6.8所示。

冬残奥会冬季两项长距离赛赛道形式要求　　　　表6.8

长距离赛	仅坐姿	坐姿+站姿	仅站姿
	传统技术	传统+自由	自由技术
赛道			
宽度（最小值）（米）	3	9	6~9
传统雪槽	2条	2条位于两侧	1条位于一侧
雪槽间距（米）	至少1.2		
射击范围			
射击道	12B/18LW		
惩罚赛道			
惩罚赛道长度	无惩罚圈		
出发区			
宽度（最小值）（米）	3	5	4
准备区	1	1	1
传统雪槽	1条	1条	0
终点区			
宽度（最小值）（米）	12	12	12
通道数量	4条	3条	3条
雪槽数量	4条		

4. 靶场要求

冬季两项射击场地应位于整个场地的中心，射击道和靶应使大部分观众可见。靶场应保证平坦并设置适当的安保措施，符合安全要求和当地法律。一般射击方向应为向北射击以提高光照条件：冬残奥会的射击场至少需要为视障运动员设置12条射击道（电子），并为LW级别运动员设置18条射击道（气步枪），世界杯比赛则至少分别设置10条射击道。射击道至靶的距离为10米（±20厘米）。

靶场：靶场是运动员进行射击的地点，位于射击线后侧。射击靶场应全部被雪覆盖，地面坚实、平坦光滑但不结冰，且整个水平。靶场长10米。起始处应设置30厘米宽的坚固木条用以固定枪支等器材。

水平：靶场及靶子放置的地面要尽量保持在一条水平线上，射击道及靶子之间的地面应至少高出30厘米（视当地雪况）。

队伍、官员及媒体区：在靶场后侧要设置至少6米宽的区域作为功能区，每2米以栅栏隔开：紧邻射击道的区域提供给各队负责管理枪支的工作人员，地面应覆盖雪；其后的区域提供给计分官员使用，同时应设置成绩显示板；最后的区域服务于媒体或其他注册人员。

射击道：射击道宽3米（至少2.75米），每次供一名运动员进行射击。射击道起始两侧用1.5米长的红色板子隔开，板子要嵌入地面并保持水平。射击道两侧全部用旗子等作为标识，用以划清射击道的界线。最靠近两侧的射击道离边界至少3米，边界以栅栏隔开。

射击垫：无论站姿或卧姿，射击道起始处都应设置射击垫。射击垫规格为，尺寸200厘米×150厘米，厚度1～2厘米，表面粗糙防滑。

靶：冬季两项中使用的靶子一般分为两种，即纸质或金属制。两种类型均可用于训练，但比赛只能使用金属靶，纸质靶只能用于步枪瞄准。比赛中运动员使用的靶种类应保证一致。

靶设置：靶子必须设置在同一水平线上，与射击坡道平行。靶子应设置在射击道尽头的正中间。靶子高度一般为射击线以上43厘米（±5厘米）。

靶背景：靶子后自地面至靶上缘以上1米的背景需要设置为白色。

LW级别运动员射击机械靶，靶心直径13毫米，瞄准区（黑点）直径35毫米，围绕瞄准区的其他部分为白色。B级别运动员射击直径为21毫米的靶子。残疾人北欧滑雪技术委员会可以根据成绩统计调整靶心直径，但需要在每个赛季开始前进行调整。

编号及标识：射击道及其对应的靶子编号相同，号码应明显地显示在射击道及靶子右侧。射击坡道上的号码尺寸在20～30厘米，至少宽3厘米，放置的位置不能影响电视转播。位于靶子上方的号码尺寸为高40厘米、宽4厘米。

风向旗：训练及比赛中必须在第二条射击道右侧设立风向旗。

惩罚圈：比赛中如果使用惩罚圈，则必须设置在紧邻靶场不超过60米的地方。竞速追逐赛的惩罚赛道至少宽6米、长80米，其他项目惩罚圈则长150米（坐姿）和100米（视觉障碍）。赛道长度需明确标识。出入口用V字板标明以免运动员混淆。惩罚圈的设置应保证运动员滑行进入时避免多余的距离。

5. 终点区

赛道最后的50～100米直道作为终点区，此区域需要分隔且设明显标识，但标识不能影响滑行。分隔的长度应该尽可能长，其宽度、长度由仲裁根据比赛形式及场地设置决定。终点线必须用彩色色带标识，色带宽度不超过10厘米。

6.1.4　对残疾人冬季两项和残疾人越野滑雪项目竞技表现的研究

20世纪40年代，为了改善伤残军人的身体功能状况，重建健康心理，英国曼德维尔首次举办了残疾人运动会。同时，残疾人体育组织诞生，并逐渐明确了残疾人运动员参赛的相应标准，力争使残疾程度或运动功能障碍相近的运动员同场竞赛，这成为体育领域残疾分级最早的来源。在残疾人运动早期，分类是基于医学的，但在运动功能系统中，决定分级的主要因素不是医学的诊断与评价，而是身体损伤在多大程度上影响残疾人运动员的运动表现。残奥会的评分致力于为比赛营造公平的竞争环境，残疾分级是开展残疾人体育竞赛的基础[1]。残疾人越野滑雪是开展最为广泛的一个残疾人冬季运动项目，从1976年第一届埃舍尔斯维克冬残奥会起就被列为正式比赛项目。残疾人冬季两项在1988年因斯布鲁克冬残奥会上被列为比赛项目。

从比赛规则来说，比赛开始前，将根据运动员的比赛方式（视觉障碍、坐姿滑雪与站姿滑雪）和行为能力进行分组。比赛时间会根据每组情况进行调整。比赛结果将由运动员的比赛时间折合一定百分比进行计算。各分组中的各项运动有其特定的比例。2022年北京冬残奥会残疾人越野滑雪和冬季两项根据其肢体损伤所导致的身体活动受限程度而分成不同等级，分别为站姿（LW2，LW3，LW4，LW5-7，LW6，LW8，LW9）、坐姿（LW10，LW10.5，LW11，LW11.5，LW12）和视觉障碍（B1，B2，B3），3个组别，根据残疾等级与身体损伤位置不同、身体活动范围和功能及在比赛中使用运动器材的情况也有相应的差异。

有研究通过计算历届残疾人冬季两项世界锦标赛前8名运动员平均成绩递进系数发现，从第三届至第五届平均成绩的相比波动不大；第六届和第七届比赛整体成绩呈下降态势，但下降幅度不大。从第三届至第七届残疾人冬季两项世界锦标赛不同比赛形式、性别及比赛类别的递进系数平均值来看，长距离女子站姿、中距离男子站姿、中距离男子坐姿和冲刺赛女子坐姿项目成绩有一定的进步，然而，在其他项目中成绩呈现下降趋势。这与赛事规模、残疾分级体系、器材设备、年度训练负荷周期安排、气温与雪质等因素都有密切关系，而不同比赛距离、地形、技术运用的能量代谢特征、不同性别差异、整体和单项的训练结构等因素是影响运动员竞技表现的重要因素[2]。

在越野滑雪过程中，残疾人由于肢体损伤等原因，身体处于失衡状态，而在滑雪项目中，滑行动态平衡能力至关重要，在残疾人冬季两项运动训练实践中，根据比赛不同滑行阶段的运动学特征，不同组别的运动员使用的滑行技术有所不同，其主要发力部位、发力时机和发力方式也存在差异。有研究证明，运动员的撑杖时间和撑杖恢复时间与运动成绩之间存在紧密的关联[3]-[5]。动作技术的科学运用有利于提高运动时效性和经济性。其中，站姿滑行中两步一撑技术相比于其他技术更为省力，坐姿滑行中上身推进技术更具时效性。

在冬季两项的射击环节，冬残奥会冬季两项运动员滑雪后进行的射击环节与健全运动员比赛不同的是，健全人冬季两项的射击技术程序分为首发程序、连续射击每发程序和备用弹每发程序，而残疾人运动员则是根据身体残疾情况可将射击技术的流程按照进入射击区域后至射击完成，依次为第一环节（落位、接枪、引枪、据枪、预压扳机、运枪、瞄准、射击、松扳机、填装弹夹）、第二环节（预压扳机、运枪、瞄准、射击、松扳机、填装弹夹）。冬残奥运动员的射击姿势均采用卧姿，所使用的步枪需要提前放置在射击场上，教练员负责提前为运动员上弹、递枪，在比赛过程中的很多动作均由教练员协助完成，这就对教练员的专业程度提出了更高要求。对于视觉障碍运动员来说，由于其不能辨别滑行路线及靶的位置，因此视觉障碍运动员在比赛时需要依靠辅助设备的信号强度来判定射击时间，其步枪要配有电子设备和可以提示靶心距离的耳机，这就要求视觉障碍的运动员在听觉方面拥有足够的灵敏度。同时，要求视觉障碍运动员在射击过程中具有高度的集中注意力能力、敏锐的视力追踪能力、超一流的手眼协调配合能力、快速的手腕动作速度、极佳的身体控制能力和技术与心理的稳定性[6]。

在运动中，残疾人运动员比健全人面临更为复杂的生理机能问题。越野滑雪和冬季两项运动都属于有氧供能为主的耐力型雪上运动项目，这对从事越野滑雪和冬季两项运动的残疾人运动员提出了很高的身体机能要求。然而，由于先天或后天等原因导致的肢体残疾或视障等终生创伤，残疾人运动员在高强度竞技运动过程中出现的身体机能状态与健全人存在差异，而在健全人运动中常用的一些生理生化指标，对残疾人运动员训练中身体机能状态的监控也存在一定的问题。例如，肢体残疾人在肢体创伤后，体内血浆浓度升高，断肢残端血流量会显著下降，部分肢体残疾人残肢末端在运动过程中经常会发生麻痛现象[7]，一方面是因为截肢，先天上肢残缺或发育不足的运动员其最大紧张程度下的肌肉生物电活性显著低于健全人运动员，说明关节肌肉活动被限制。另一方面，肢体残疾运动员血液循环系统发生了变化，由于植物性神经系统交感部位抑制接触，血管内血液充盈和静脉血压降低，进而激活气压感受区并促进提高血管紧张度，破坏了神经肌肉传导性和肌肉营养过程，由此破坏了肌肉的血液供应[8]。因此，随着训练的持续，残疾人运动员心血管循环系统疲劳程度逐渐加重，残肢末端微循环不畅可能进一步造成心脏循环系统疲劳、功能储备降低[9]。

　　总体而言，分级是开展残疾人体育竞赛的基础，运动员的竞技水平在一定程度上受到自身残疾程度及运动功能障碍的限制和影响，所以，相对于健全人来说，其竞技水平、运动成绩提高和突破的速度较慢。另外，残疾人运动员的训练水平和比赛成绩在某种程度上受限于残疾人竞技体育用具的发展。除运动员自身运动能力之外，残疾人冬季两项运动对比赛器材与设备有很强的依赖性，残疾人坐姿运动员的坐式滑雪架、站姿运动员的适配假肢以及冬季两项运动射击环节使用的气步枪等都会影响运动表现，器材与设备的先进性和科学性对残疾人竞技体育成绩的影响也在逐渐增大。

　　自2018年起，清华大学机械工程系教授、智能与生物机械研究室主任季林红担任"科技冬奥"重点专项"冬残奥运动员运动表现提升的关键技术"项目负责人，带领团队为运动员的分级选材、训练监控、技术动作优化、专项辅助器具装备、伤病预防和康复等方面提供全方位科技保障，综合保证训练过程中和比赛过程中能够发挥运动员的潜力[10]。季林红团队创造性地提出了"人机合一"的运动员表现提升方案，研发了专门的实验平台，通过传感器收集运动员训练时的数据，并在系统中进行监测，包括身体参数、代谢情况、肌肉发力情况、用力效果等，通过量化测试来优化运动员的动作、发力等情况。在这些数据的基础上，研发专门的训练模拟器和个性化专项器械，让运动员使用起来"得心应手"[11]。

6.2 赛道和设施转换

6.2.1 残奥赛道

赛道设计还要特别兼顾冬残奥会比赛的需求。冬奥赛道分为1.5公里、2.0公里、2.5公里、3.0公里、3.3公里、4.0公里等不同距离的环路。按照不同赛程需求组合成不同长度的赛道。赛道依托自然地形设置，最高海拔约1766米，最低海拔约1657米，高差109米。冬残奥运动员则分为坐姿、站姿和视觉障碍运动员三种，后两种运动员共用冬奥赛道，局部陡坡处做出缓和的衔接段；坐姿运动员则使用山谷西侧的专用赛道，即所谓的"残奥赛道"。在冬奥会期间，冬残奥赛道也可以作为冬奥会运动员的热身赛道。冬奥赛道的坡度和宽度数据均较大，滑行速度较快；冬残奥坐姿赛道则更加缓和，赛道布局也更加集中。针对冬残奥会的参赛运动员，特别设计从运动员区直达起点区的坡道流线，这条流线不会与比赛赛道出现交叉，避免了前几届场馆出现的残奥运动员只能穿行赛道的窘况（图6.4、图6.5）[12]。

图6.4 冬残奥运动员专用入场口（图片摄影：冬奥组委）

图6.5 冬残奥会期间残奥运动员专用流线（图片摄影：冬奥组委）

6.2.2 靶场转换

冬奥会期间，射击线和目标之间的距离为50米；冬残奥会期间，这一距离则为10米。视觉障碍组运动员使用装配有声瞄准系统的电子步枪，其他组别的运动员使用气步枪（图6.6、图6.7）。

图6.6 冬奥会上中国冬季两项运动员在靶场上站姿射击©新华社

在场馆设计初期，在距射击线10米距离处预留混凝土基础和地下线路管道，在冬奥会期间，这些设施被埋在雪下，不影响冬奥会正常运行。在冬奥会结束后，快速搭建起靶位背景墙和射击靶，满足冬残奥会赛事需求（图6.8）。

图6.7 冬残奥会上中国冬季两项运动员在靶场上卧姿射击©新华社

图6.8　冬残奥会期间的靶场和出发区，可以看到两道靶墙（图片摄影：冬奥组委）

6.2.3　无障碍指南

冬季两项中心技术楼内两个主要交通核都采用无障碍电梯，所有疏散楼梯都有盲道设施。建筑每一层都有至少一个无障碍卫生间。针对观众，设计保证从二层平台进入看台的全程没有台阶或踏步，无障碍坐席与陪同席位于看台中最易到达的位置，并按北京奥组委统一编写的《无障碍指南》进行设计。为了方便无障碍观众，在首层西侧专门设置无障碍电梯，保证不能到达二层平台的观众也可以通过专用流线到达看台。

本章参考文献：

[1] 王润极，徐亮，阎守扶，等. 分级视角下残疾人冬季两项运动的关键竞技特征分析 [J]. 首都体育学院学报，2020，32（2）：178-185.

[2] 王润极. 残疾人冬季两项世锦赛成绩发展态势成因分析及启示[J]. 白城师范学院学报，2021，35（2）：61-67.

[3] TERVO J, WATTS P, JENSEN R. Electromyographical analysis of double pole ergometry: standing vs. sitting[C]//28 International Conference on Biomechanics in Sports.Marquette, 2010.

[4] ZOPPIROLLI C, HOLMBERG H C, PELLEGRINI B, et al. The effectiveness of stretch-shortening cycling in upper-limb extensor muscles during elite cross-country skiing with the double-poling technique[J]. Journal of electromyography & kinesiology, 2013, 23(6): 1512.

[5] GOPFERT C, HOLMBERG H C, STOGGL T, et al. Biomechanical characteristics and speed adaptation during kick double poling on roller skis in elite cross-country skiers[J]. Sports biomechanics, 2013, 12(2): 154.

[6] 房英杰，宋文利，朱玉龙，等. 冬季残疾人奥林匹克运动会冬季两项运动项目特点与制胜规律[J]. 哈尔滨体育学院学报，2021，39（3）：41-45，51.

[7] 王涛，顾玉东，谭文秀，等. 肢体创伤对机体释放内皮素Ⅰ及断肢血流量的影响[J]. 中华外科杂志，1998，36（9）：49.

[8] 鲁米扬佐娃，斯特罗金，波尔图科娃，等. 高级肢残游泳运动员的训练问题和前景 [J]. 首都体育学院学报，2013，25（5）：385.

[9] 王润极，阎守扶，吴昊. 坐姿残疾人冬季两项男子运动员8周亚高原训练机能状态指标变化特点研究[J]. 首都体育学院学报，2022，34（1）：80-88.

[10] 清华大学新闻. 为每一位冬残奥运动员定制"秘密武器". [EB/OL]. (2022-4-4). [2023-8-7]. https://www.tsinghua.edu.cn/info/2795/92734.htm.

[11] 清华大学技术转移研究院. 季林红教授团队为冬残奥运动员定制"秘密武器". [EB/OL]. (2022-4-4). [2023-8-7]. https://ott.tsinghua.edu.cn/info/1002/1666.htm.

[12] 庄惟敏，张维，赵婧贤. 国家冬季两项中心的速度与激情[J]. 中国艺术，2019 （1）：78-81.

7

国家冬季两项
中心运行状况
及调研访谈

7.1 2022 年北京冬奥会运行

在2021年12月底，在国家冬季两项中心举行冬季两项国际训练周，这一过程也是对场馆运行的预演。当时国内新冠肺炎疫情防控仍处于较为紧张的阶段，各类工作展开都很有难度。在这样的环境下，冬奥组委及属地各组织依然克服困难，结合训练周发现的问题——优化。

北京冬奥会于2022年2月4日开幕，2月20日闭幕。国家冬季两项中心在整个运行过程中没有出现重大问题，整个场馆的设计也得到了各方好评。

北京冬奥会金牌获得者——法国冬季两项运动员康坦·菲永·马耶称赞道："这里的基础设施都是一流的，我们在夕阳余晖的映照下在赛道上驰骋，最后还拿到了金牌，这届奥运会将在我心中留下美好的回忆，我非常感谢中国举办了如此卓越的盛会。"

波兰冬季两项运动员米勒表示："这里的场馆非常好、非常专业，感谢中国为冬奥会所作的努力。"

罗马尼亚奥委会主席米哈伊·科瓦柳表示："运动员和官员说赛场是他们见过最棒的。"

北京冬奥会金牌获得者挪威冬季两项运动员雷塞兰表示："我认为这里一切都非常棒，尤其是赛场设施，无论是雪道、靶场，都让人觉得不可思议。我非常享受在这里的比赛。"

7.2 2022年北京冬残奥会运行

北京冬残奥会于2022年3月4日开幕，3月13日闭幕。在冬残奥会期间，国家冬季两项中心承办了冬季两项和越野滑雪的全部比赛。中国队屡创佳绩，残奥越野滑雪获得7金6银5铜，残奥冬季两项获得4金2银6铜。

在冬残奥会期间，越野滑雪运行团队和冬季两项运行团队均进入国家冬季两项中心，组织赛事相关工作。有了冬奥会的磨合之后，整体运行较为顺畅。

7.3 场馆赛后利用

2022年3月13日，北京冬残奥会闭幕，这也标志着国家冬季两项中心正式进入后奥运时代。国家冬季两项中心在冬季仍然作为冬季两项运动和越野滑雪场馆使用，承办国内大型赛事和训练任务。在夏季，国家冬季两项中心除承办相关体育赛事之外，也是大众体育健身的活力场所（图7.1、图7.2）。

图7.1 夏季的国家冬季两项中心©众辉致跑（图片摄影：北京样儿影像工作室）

图7.2 夏季的国家冬季两项中心©众辉致跑（图片摄影：北京样儿影像工作室）

7.3.1　赛后利用设计要点

为确保场馆赛后可持续利用，设计初期便充分考虑赛后转换可能。

针对技术楼：二层架空层衔接"冰玉环"与看台，赛时设置临时观众服务设施，赛后则可作为其他功能使用。建筑内部分隔墙采用可移动、可拆卸的轻质隔墙系统，方便赛后功能转换。

针对场馆中的场院区：大量采用帐篷、板房、集装箱等临时建筑，赛后可以随时拆卸，场院场地可转换为室外活动场地。

针对赛道：在核心区采用沥青赛道，赛后可转换为轮滑赛道，满足未来的体育专项训练和赛事需求；在非核心区采用砾石赛道，赛后可转换为山地自行车或徒步路径，减少对自然环境的破坏。

针对景观设计：为避免对山体造成破坏，设计团队没有按常规做法设置集中蓄水池，而是将一个大型蓄水池分割成若干个小的蓄水池，形成了穿插于赛道之间的景观湖泊，既满足了造雪需求、保护了山体环境，又为群山环绕的场馆增添了灵动之美（图7.3～图7.7）。

图7.3　冬季的赛道与景观湖泊©THAD（图片摄影：吕晓斌）

图7.4 夏季的
赛道与景观湖泊
©THAD（图片
摄影：吕晓斌）

图7.5 冬季的
场馆整体鸟瞰
©THAD（图片
摄影：吕晓斌）

图7.6　夏季的场馆整体鸟瞰©THAD（图片摄影：吕晓斌）

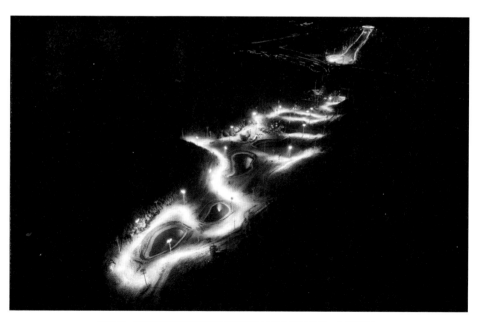

图7.7　夏季夜晚的场馆整体鸟瞰©THAD（图片摄影：吕晓斌）

技术楼、靶场、赛道及照明、造雪等附属设施等均被保留，原有场地临时设施被部分拆除。赛后，这里仍具备承办雪上项目比赛和训练的功能（图7.8、图7.9）。

7.3.2 服务全民健身

冬奥会后，国家冬季两项中心充分利用区位和交通优势，实现奥运遗产全季利用，服务全民健身活动。

赛后，国家冬季两项中心以冬季滑雪和夏季山地运动两大主题为核心，不断进行场馆适应性改造。技术楼内部功能转换为接待大厅、研学教室、休闲咖啡馆、室内比赛活动场地等功能。赛道和靶场则可作为射击靶场、多功能运动场、

图7.8 冬奥会赛前运动员适应赛道©THAD（图片摄影：王敬先）

绳网拓展区、露营广场、自行车泵道公园、文娱草场区等室外活动场地使用，承办各类体育赛事和大型户外活动（图7.10～图7.14）。

7.3.3 延续高端赛事功能

国家冬季两项中心作为高水平竞赛场馆，在赛后也将为我国接轨国际高端赛事、培养高水平运动人才继续作出贡献。国家冬季两项中心作为全球唯一一个体育竞赛场馆项目，入选了国际建筑师协会（UIA）《2030可持续发展目标指南》（*UIA Guidebook for the 2030 Agenda*）。国家冬季两项中心是中国首座经国际认证的冬季

图7.9 冬奥会赛后赛道转换为大众越野跑场地 ©众辉致跑（图片摄影：北京样儿影像工作室）

图7.10 滑雪场地转换为自行车泵道公园©众辉致跑（图片摄影：北京样儿影像工作室）

图7.11 媒体区转换为露营广场©众辉致跑（图片摄影：北京样儿影像工作室）

图7.12　转播场院转换为多功能运动场©众辉致跑（图片摄影：北京样儿影像工作室）

图7.13　惩罚圈转换为室外健身场地©众辉致跑（图片摄影：北京样儿影像工作室）

图7.14　惩罚圈转换为文娱草场区©众辉致跑（图片摄影：北京样儿影像工作室）

两项比赛场馆，也是国际冬季两项联盟网站中唯一的亚洲场馆。

此外，国家冬季两项中心也持续利用国际标准的场地、场馆及配套设施，打造青少年越野滑雪培训营地和山地运动培训基地。国家冬季两项中心已经成功举办了2022~2023赛季全国越野滑雪青少年锦标赛（图7.15）、2023张家口射击联赛（图7.16）、2023京津冀青少年户外定向比赛、2023年"要跑24h跑步生活节"等多项精彩赛事和活动。

图7.15　2022~2023赛季全国越野滑雪青少年锦标赛©全季美嘉（图片摄影：李增明）

图7.16　2023年张家口射击联赛在国家冬季两项中心举办©全季美嘉（图片摄影：李增明）

7.4 针对国家冬季两项中心的使用调研

2023年3～6月，在国家冬季两项中心投入使用一年半后，设计团队对国家冬季两项中心进行了使用后调研，研究从场馆赛前设计与调整、赛时表现和赛后利用三个层面，对8位在冬奥会及冬残奥会期间使用或服务于国家冬季两项场馆的人员进行了深度访谈。每位受访者访谈时间在40～80分钟，其中还有6人填写了问卷，共得到14份基础材料。接受访谈的人群涉及使用者（由赛事志愿者组成）、运维方（由场馆经理、赛事运行团队和赛事实习生组成）和设计人员（古杨树场馆群及场馆设计人员），受访者基础信息如表7.1所示。对国家冬季两项场馆的使用调研访谈采用半结构式，以时间为线索，串联受访者在赛前、赛时和赛后对场馆的使用记忆，除关注与空间相关的问题外，评估人员还着重了解了受访者对赛事和场馆更为感性的主观认知，以摆脱传统评估中的设计经验观念和预设性干预，强调了重大体育事件中亲历者观察与体会空间的角度。

研究将受访者的回忆反馈到赛前—赛时—赛后三个阶段，从时间线对应的空间层面得到了10个关键信息，作为国家冬季两项中心的场馆调研结果，也为重大体育赛事的设计与使用提供一些建议与依据。

受访者信息汇总　　　　　　　　　　　　　　表7.1

序号	编号	性别	年龄	工作身份
1	W01	女	22	志愿者（环内）
2	W02	女	22	志愿者（环外）
3	M01	男	43	管理者（场馆群经理）
4	M02	男	35	管理者（场馆经理）
5	M03	男	40	管理者（场馆运行）

序号	编号	性别	年龄	工作身份
6	W03	女	22	志愿者（环外）
7	M04	男	25	赛事实习生（基础设施领域）
8	M05	男	22	志愿者（礼宾-环外）

7.4.1 赛前与试运行阶段

1. 气候在冬季赛事中将持续影响每一个环节

冰雪运动，尤其是户外雪上运动，受到自然因素的影响极大，这不仅体现在运动员的成绩表现上。尽管在永久建筑中采用了高性能中空玻璃幕墙以减少室内热量交换[1]，但是寒冷、风雪和日照因素仍持久地影响了空间的使用。

寒冷给临时设施带来了巨大的挑战。在访谈中，几乎每一位受访者都提及了由于寒冷造成的临时设施中的管线损坏，尤其是厨房、厕所的上下水管，很容易出现反复崩裂复冻的情况。每次出现管线损坏，工作人员不仅需要连夜抢修，还要尽量预防此类问题再次发生，所以尽管加装了加热器，工作人员还必须"定时查看厕所有没有关窗，检查加热器是不是在工作"（M04）。寒冷给赛事组织带来的困难不仅如此，尽管大部分时候志愿者可以采取各种方式尽量取暖，但他们仍然需要在寒风中坚守岗位以保证赛事正常运行，不少人对这段经历的回忆是不假思索的"风很大，很冷"（W01），以及他们在工作之余听到的一些奇闻，如"好像有人被冻休克了"（M04）。寒冷同样影响了观众的观赛体验，不管是普通观众还是贵宾，几乎没有人能在看台上坚持30分钟以上，"比赛场地太冷了，志愿者准备了很多暖宝宝，观众看比赛，看不了多久就得到处晃，天特别冷的话，坚持不了30分钟"（W02）。而志愿者的工作之一就是发放坐垫和取暖设备，并引导观众前往取暖区；另外，工作人员希望场馆能提供更多的取暖区域，尤其是在看台附近，这也许能减少他们很多不必要的工作，也给观众带来更好的观赛体验——"观众席的台阶很凉，然后观众就只能站着看，但有人站着看就挡住后边的视线，然后会有一些冲突，我们就得去调解。如果能有让他们取暖的地方，或者提供暖宝宝的自助设备之类的东西就好了"（W03）。

风雪带来的安全隐患同样不容忽视。如果说大风吹倒围栏和大棚还属于可预判的麻烦的话，大量积雪和积雪融化后的积水则给建筑带来致命的安全隐患，有工作人员回忆道，"有一天比赛的时候下大雪，大雪一直积在房顶上（临建），积雪很厚，（临建的）房顶上可以看到凹陷了。（场馆）经理让我们去找了一个长柄的工具敲房顶，一直敲，把雪敲下来。好在临建集装箱也足够结实，安全系数足够高，没有发生什么危险"（M05）。较为严重的问题还发生在积雪融化之后，据场馆经理回忆，"媒体运行中心建筑单体面积大，上方积雪较多，部分融化后流入夹层，且室内外温差极大。由于媒体运行中心内人员活动密集，与室外湿度差异也很大，夹层空间内冷热空气交汇，巨大的夹层腔体内产生源源不断的积水，在设备正上方、出入口等多处形成坠水层，我带着工作人员接连排除这种水层隐患，在分析原因之后，把维护列为常态化的工作"（M02）。为了杜绝严重事故发生，工作人员只能一刻不停地扫雪防滑，以维持主要流线和设施的正常运转，"二层平台那里铺了防滑垫，有一个经理一直清扫积雪，一直在室外引导人流，经理的帽子和眼睫毛都白了"（W02），"工作人员在用专业工具迅速清理掉厚厚的积雪后，还要蹲下仔细扫除垫子上的小冰碴，以免有人踩到后不慎滑倒，他们的工作非常辛苦"（W01），有志愿者回忆道。

尽管大家都被科普过"雪盲症"，但冬日雪场阳光的威力还是被低估了，尤其是对于内部空间来说。在设计阶段，技术楼的会客区和休息区的位置主要是由顺畅的人群流线和良好的观赛视野决定的，而且为了更好地观赛，这里并没有设置窗帘或其他遮光设备，但却导致了一些使用问题——"会客区里有一个有沙发的地方，但是这里的窗户没有窗帘，整个阳光就很刺眼，也很不舒服。大家想坐得舒服点就肯定去那个区域，但是这个区域只要有太阳就基本上坐不了，太刺眼了，那个地方有一点闲置的状态，后来我们用屏风挡了一下，才好一点"（W03）。这也许是值得所有雪上项目永久设施注意的一点。

2. 合理的策划能够在低碳的同时灵活应对赛事需求

流线与空间是重大赛事在场馆设计阶段最主要解决的问题，尽管使用者不以"流线""布局""空间节点"这样的词汇来描述问题，但从他们提及的使用感受中，设计团队依然能抓取到合理的空间策划对赛事运行的重要意义。

面积和使用效率是最为直观的感受。尽管冬季两项运动在我国的群众基础较薄弱，但项目自身魅力毋庸置疑，在欧美国家受到极大关注。一位经理说："在我接触的国际奥委会官员里，多次听到他们说最喜欢的雪上项目就是冬季两项。赛时有大量的奥运官员、奥林匹克大家庭成员来到场馆观赛，他们会到靶场前方预留的功能区内沉浸式观赛，站在雪地中完全不顾崇礼的寒冷，非常投入。还有临时访问的国内外要人团队、其他场馆组委会工作人员、媒体人员流动，这个是赛前没有预料到的"（M02）。尽管赛事的火爆程度出乎意料，但冬季两项技术楼的面积配置仍然较好地满足了使用需求，技术楼、看台、媒体中心等空间使用效率极高。有记者报道称，"赛时，可容纳220人的媒体中心人声鼎沸。"[2]工作人员也回忆道，"'冰玉环'上的空间得到了非常高效的使用。场馆媒体中心比较活跃，奥运赛时爆满。建筑空间的使用是有很高的效率的，可以说是非常充分地使用了场馆空间"（M02）。

合理的流线布置是赛事能平稳运行的关键。尽管设计时尽量避免流线交叉存在，但特殊时期的闭环管理令流线布置压力呈指数增长，工作人员也反映有偶尔运动员横穿流线，区域错时使用，人员分流难、需要加设隔离带的问题，但从整个场馆运营层面，依靠物理标识和人工引导，国家冬季两项中心较好地应对了这次针对空间流线的挑战。一位经理对此评价："赛时的闭环政策，（使）空间压力变大了，这是开始设计时没有考虑过的，即便如此，也只是通过铁马、围栏等实现了，不得不说国家冬季两项中心的设计非常成功"（M02）。

空间和流线的适应性改造和灵活应用是策划成果的体现。冬季两项场馆在策划阶段很好地结合了古杨树场馆群"冰玉环"的设计理念，将观众流线结合看台与二层平台一同布局，平台下则是为赛事服务的官员、技术人员、媒体等工作人员和运动员的流线。如此一来，清晰地区分了外来人员与赛事人员。尽管设计时未曾料想平台能作他用，但看台层的确在特殊时期、特殊环境下发挥了重要的区域分隔作用。依靠大平台层，冬季两项场馆群从竖向上划分了环内外关系，避免了疫情容易导致的交叉感染，也让工作人员形成了清晰的空间认知边界——"二层平台成为环内外分流的边界，二层平台以上是环外"（M04）。为配合平台疏散，单独设立的竖向交通空间灵活机动，为解决内、外两套流线带来的空间不足和分布不合适的问题，平台的交通核在夜间临时变身为工作人员的值班室。工作人员每晚在此值班，轮流检查管线的加热器是否正常运转、门窗是否关闭，以热情和坚韧保障了冬奥会及冬残奥会顺利举办。

3. 节点把握与质量控制对赛事运行成功至关重要

紧迫的工期几乎是每个项目都会面对的问题。对于重大体育赛事场馆建设来说，永久设施的施工进度似乎一直比较平稳，而临时建筑以及与竞赛、转播相关的设施往往需要到最后几周冲刺完成，这其中既涉及生产商供销问题，也涉及与业主和国内外技术官员的沟通。在冬季两项场馆建设过程中，尽管IBU在2021年8月对场馆进行考察后就出具了认证书，但直到开赛前两个月，在与属地领导和国际奥委会的官员充分沟通后，比赛场地其他建设工作才得以实现较快推进——"场馆发生了很大变化，当然也包括设施、技术、电力、山地运行、奥运转播中心（简称OBS）等领域的付出，场馆终于像是要马上开赛的样子。体育器材都摆放到位，赛道清理出来。开赛前几天，工作效率一下子提升了很多"（M02）。更为复杂、综合的转播画面问题一直到开赛前才调试完，但艰辛的付出也带来了令人满意的回报——"（冬季两项场地）比赛赛道边上涉及的几十个转播机位，关键位置还有大型的移动、轨道、飞猫、终点平台等，还有雪地摩托路线，这些都是在最后三周时间内每天都还在调整变化，我和OBS的Herry、转播经理每天定机位走赛道，成果非常震撼，我在媒体中心看OBS的转播信号，惊艳到我了"（M02）。在转播画面中，冬季两项场馆的大屋顶作为在风雪中艰难地保持稳定、进行射击的运动员们的背景，使得画面更加平衡、稳定；技术楼的主看台也很好地烘托了冲刺时的转播气氛。回忆至此，经理评价道，"这部分设计非常好，浑然天成"（M02）。

尽管如此，对质量的控制永远可以精益求精，场地建设仍有值得完善推进的地方。例如，志愿者们普遍认为临时设施的品质较为粗糙，除此之外，他们还期待临时建筑在低碳的同时能够有更加美观的外形，目前服务赛事的临时建筑多是模块化的产品，由厂商根据面积需求直接运到现场组装，造型单一。志愿者们则认为："临时建筑也可以做一个造型，波浪形什么的，当然也是本着节约的原则去办会"（W03）。

4. 赛前宣传是介绍场馆的最佳机会

除经理和赛事实习生外，大部分工作人员是在开赛前一周时被告知工作场地的，而后他们会进入流线彩排与最后的空间布置（如张贴海报、制作签到表、桌椅布置等）环节。在这个环节，由于工作任务切分，工作人员几乎只在固定流线上活动，很少有全面了解场馆的机会，因此大部分工作人员对场馆并没有整体的认知，有志愿者提到，赛时有运动员向他求助问路，"他跟我说想去奥运村，但是奥运村的流线不是我们的工作内容，我们没有培训过，我就指了一下他附近的房间，我说你去这屋里找他们，他们能帮助你，只能这样帮他"（M05）。如果在赛前对赛区和场馆有充足的文字、照片、影像的系列介绍，既有利于场馆宣传，也有利于工作人员进一步熟悉流线。一名工作人员提起由中央纪委、国家监委制作的《冬季两项，动静转换扣人心弦》赛前宣传短片，这个结合了项目介绍与场馆介绍的小动画让他们首次接触到了自己未来的工作环境；而在北京冬奥会开幕倒计时20天开播的纪录片《冬奥山水间》，从生态保护角度，以实景拍摄的

方式展现了延庆和张家口赛事场馆的全貌，也令这位志愿者印象深刻。她认真保存了纪录片海报，作为这段工作经历的纪念。

7.4.2 冬奥会赛事与冬残奥会转换

1. 设施维护是赛事运行中最繁忙的环节

在高山、极寒环境下举办比赛时，设施维护是工作人员在赛时最重要的任务之一，从空间上，包括对建筑设施、赛场与赛道以及临时建筑的维护三大方面。例如，针对恶劣天气影响导致的管线抢修，以及对技术楼内电气、硬件设备的定时巡查维护；针对赛场的维护主要涉及赛事照明、赛道压雪等方面，赛事举办期间有专业团队进行维护；针对临时建筑的维护则涉及结构安全、施工质量、室内物理环境等方面，如场馆业主在经理的建议下对评论员楼下方搭建的脚手架能够承受的荷载进行了结构安全检测，以保证评论员楼、媒体看台的结构安全。这其中，工作人员提及最多的就是对卫生间的维护工作。本届冬奥会及冬残奥会采用了部分应对高山、极寒、大风以及缺乏上下水等恶劣条件的生态降解卫生间，但遗憾的是，大家对该种卫生间的接受度普遍不高，更倾向于传统卫生间。但是，如在7.4.1中提到恶劣环境给管线维护带来的影响中所说，传统卫生间的上下水管在低温环境下反复崩裂复冻，维护人员只能加装加热器，并全天值班检查管线运行情况，以便发现问题连夜抢修。受到恶劣天气影响，清雪防滑自然也成了日常维护工作之一——"扫雪压力巨大，需要全员动员"（M02），一位工作人员回忆。

2. 突发情况应对和改造不可避免

无论在赛前作了多少准备，突发情况的出现都是不可控的，这些问题可能是恶劣天气造成的，如突然降雪或者天气突然太冷，导致摄影摄像设备被损坏、线缆被损坏等情况；也可能是人为因素引起的，如不听引导、破坏闭环政策的个体，难以分流的人群等，工作人员需要对此迅速反应，做出调整。例如，有一次，工作团队接到通知要接待一位外国要人，对方提出想要一个包厢的需求，但场馆的接待休息区内没有设置包间，工作人员灵活应对，"找来屏风，在屏风上画'冰墩墩'，（在休息室内）隔出一个相对独立的区域"（W01），并为这位贵宾单独改造了一间卫生间，以应对卫生安全需求。总体来说，应对突发情况，可以总结经验，以优化规则，尽可能提前预防。

3. 热度降低是冬残奥会最令人遗憾的感慨

作为古杨树场馆群中唯一承办冬残奥赛事的场馆，国家冬季两项中心在冬奥会结束后迅速展开转换建设，涉及主要流线的无障碍调整、宣传标识转换、赛道与赛程转换三个方面。而随着赛事改变，冬季两项赛场在冬残奥会期间成为管理指挥部，场馆的运行定位和管理方式也发生了变化，这在前述章节中已有所论述。从工作人员的访谈来看，冬残奥会转换期让他们有了难得的休息时间，能够从紧张而烦琐的赛事服务工作中"找回一些能量"（W01）。但对于负责转换建设的人员来说，由于部分空间调整较为复杂，施工人员不清楚赛事原则，极有可能出现疏忽，影响赛事进行。一位工作人员回忆，"有时候，现场负责建设的人员不了解这个赛事情况，有些调整不符合实际需要。比如运动员通道，在转换建设的时候就被忽视了，看台西面那个地下通道连接到赛道，边上应该留一条运动员通道，主要是给坐姿运动员的，但是施工人员就漏掉了。然后我去现场考察的时候就发现，这个地方没有的话，运动员流线就断掉了，（施工人员）连夜在地下通道口的位置封了一个桥解决了这个问题"（M01）。

赛场里这些微妙的变化也许不易被发现，但冬残奥会与冬奥会最直观的区别是热度降低了。"冬奥会的时候我们基本上天天都会接待很多人，然后最多的一次是把整个休息室全都占满了，都快没有我们落脚的地方了，到冬残奥会的时候，比赛日可能也没有人来看，这是最直观的差别"（W02）。因此，针对流线布置的无障碍设施主要服务于运动员，据工作人员回忆，前来观赛的残障观众很少，赛事组织方特意为这些观众配备了专门接待的志愿者。

7.4.3 赛后

1. 物归原主是场馆与设备赛后运营的基本规则

场馆在赛后需要交接内容包括管理运营交接和物质设施交接。在赛后的场馆运营方面，业主可选择的方式有很多，可以由业主单位直接管理，或业主单位成立新的运营公司，或与其他运营公司合作经营，或委托市政府管理等，无论是哪种情况，在举办新赛事前，新的赛事组会与场馆运营方签约并提供人员培训，因此赛时与赛后的工作人员可能出现重合，但相对职责边界清晰。

场馆与设施交接遵循了"物归原主"的原则。首先，绝大部分服务赛事的临时建筑在赛后被拆除，包括场馆东侧的临时设施，包括评论员楼及电梯、技术楼、奥运转播服务区等区域，以及场馆西侧物流、工作人员综合区、餐厅等。而未被拆除的部分，包括永久设施、部分临时建筑（如部分打蜡房）、射击靶等，在赛后会被交接给场馆业主方；部分用于赛事举办的安全防护类器材、体育器材归还属地政府；还有一些为举办比赛租用的临时设备在赛后被业主购入，以服务未来赛事，"业主会酌情处理桌椅家具和为举办赛事而购买的器械，如将桌椅捐赠，再利用大型器械举办赛事"（M01）。

2. 大众活动拉近了重大赛事与民众的距离

设计策划阶段针对国家冬季两项中心的赛后利用定下了全时利用的原则。除了在冬季场馆继续作为训练和比赛场地使用外，还会增设适合儿童滑雪和初学者的培训及冰雪体验和冰雪娱乐等项目；在夏季，这里将被打造成为自行车越野、拓展训练基地等夏季户外活动中心，设置房车宿营地、小剧场等娱乐场地。就在访谈工作进行期间，冬季两项场馆承办了由崇礼区人民政府主办的"要跑24h跑步生活节"。跑者们从冬季两项中心出发，在冬奥的赛场上以团队协作绕圈跑的方式沉浸于赛场氛围，这也成为他们人生中第一场冬奥赛场体验。受访者对场馆的赛后利用是这样评价的，即"进入寻常百姓家的感觉"（W03）。赛后大众休闲活动的举办拉近了重大赛事与民众的距离，用运动体验普及致敬了这里曾发生过的巅峰对决。

7.4.4　后记——"平凡人的英雄主义"

北京冬奥赛事已经结束一年有余，但提起那段赛事服务的经历，不少工作人员还历历在目，他们称之为"国家梦想与个人梦想的重合"（W01）。烦琐的日报与周报、揪心的突发应对、辛苦的巡查抢修让工作人员感到疲惫，但当有一群人为了这个目标而共同无私地努力时，他们说，"只要能够达到这个目标，都是值得的"（W01）。空间是承载行为的工具，当依恋发生时，物质环境与情感的连接是无法切割的：一个被封闭的楼梯可以引发穿过楼梯、共同庆祝的想象，一个临时的颁奖广场可以唤起最后一个比赛日后高唱《友谊地久天长》的回忆，有志愿者说，如果冬奥会能办一辈子的话，她会在冬季两项中心做一辈子志愿者。

喧嚣的赛事过后，场馆依然有沉默的力量，有受访者回忆那段经历，场馆的景象仿佛浮现在眼前——"冬季两项比赛非常受欢迎，国家冬季两项中心非常壮观。场馆的地形是东西方向纵贯的，地标是长城和跳台，比赛的时间一般都是下午至傍晚。太阳在跳台后面落下，月亮在长城后面升起，非常震撼。整个冬季两项场馆在灯光、造雪、景观的装点下，非常梦幻"。对于他们来说，冬季两项中心已经成为那段记忆的物质载体，他们也极为关心场馆在赛后的利用发展，听闻赛后设施处理的结果，一位一直在临时建筑中工作的志愿者表达了遗憾的心情，"对于我们（在临时建筑中工作的）志愿者来说，（这个结果）其实是有遗憾的，如果条件允许的话，我们希望未来还可以去看看之前的工位，但（因为被拆除了）我们有这样一些遗憾"。他接着又关心起场馆的赛后利用问题，关心如何才能让"场馆价值最大化"。希望国家冬季两项中心能够在未来的发展中给出令人满意的答案。

值此冬奥会结束一年半之际，也以此书向他们致敬。我们因冬奥会结缘，也在不同阶段从不同角度参与到了这场国家的盛事中。过程中的种种坎坷与艰辛，恰恰映衬出了这些平凡人的英雄主义。

7.4.5 语录——"我想对冬奥说的话"（表7.2）

志愿者感言汇总 表7.2

何佳睿	志愿者（环内）	我现在脑海中还经常浮现看台上来自各国的观众穿着五颜六色的衣服，天气很冷，但他们热情高涨、举着国旗给自己的国家加油的样子。奥运会结束那天，广播里放着《友谊地久天长》，很多志愿者和赛事人员都在雪地里打滚、拍照，我在平台上看着，眼泪就流了下来
刘雅楠	志愿者（环外）	之前一直觉得，做任何事的时候，如果有人特别无私地提供帮助，一定有其他目的。但冬奥会让我觉得，真的会有一群人为了同一个目标而不计付出和回报地努力。冬奥会能够顺利地举办，是因为这群人带动了更多人，为了同一个目标，实现了真正的无私
王敬先	管理者（场馆群经理）	冬奥会是挺难得的一个经历，能够参与到一个很复杂、很庞大的事情里去，接触到很多不同的业务领域，看到那么多不同专业的人为了同一个目标去努力。我们没有经验，会走一些弯路，但最终能在特殊时期把这件高标准、高难度的活动组织好，是很难忘的经历
陈国徽	管理者（场馆经理）	冬奥会举办时气温很低，但是景色非常好。场馆的地形是东西方向纵贯，地标是长城和跳台，比赛的时间一般都是下午至傍晚。太阳在跳台后面落下，月亮在长城后面升起，非常震撼。整个冬季两项场馆在灯光、造雪、景观的装点下，非常梦幻。冬季两项中心非常壮观，冬季两项比赛非常受欢迎。顶尖运动员提供了质变的影响
王文谦	管理者（场馆运行）	赛事筹备期间各方意见不统一是很常见的，北京冬奥组委、场馆运行团队与国际冬两联盟、国际奥运会等国际组织之间，国际组织内部如国际冬两联盟和国际奥运会、国际冬两联盟和WPNS、国际冬两联盟和OBS之间也会有各种分歧，北京冬奥组委和场馆团队内部沟通时也基于背后的国际组织、规则指南的要求而有分歧和争论，场馆团队和业主单位、地方政府沟通时也会有意见不统一的时候。这些问题后来被反复论证，困难最终被一一克服，以确保赛事安全、合理运行
杨臻	志愿者（环外）	开幕式的时候正好过年，场馆里张灯结彩的气氛拉满，志愿者一起搬着小凳子看转播，觉得非常激动，感觉参与到国内外都关注着的一项赛事中。冬奥会确实带动了我们对冰雪项目的热情，我们在培训结束后还去颐和园玩滑冰车，冰墩墩也很火，那个时候大家对冰雪运动都燃起了兴趣
张航	赛事实习生（基础设施领域）	第一次在大平台上走着去场馆的时候还是挺震撼的，场馆设计跟山水自然融合得很好。到晚上的时候，因为没有比赛，场馆很空旷，远处的长城上有闪烁的灯带，让人觉得天地广阔，印象很深
张泰	志愿者（礼宾-环外）	场馆作为冬奥的遗产应该如何转化才能发挥它最大的价值这个问题困扰了我很久，它还是应该对公众开放的，如果能让志愿者回去看看以前工作的地方就更好了

续表

赵婧贤	建筑师	2017年我第一次去现场，在那之后的5年时间里亲眼看到冬季两项中心从无到有，在广阔的自然中成长起来；2022年冬奥会，在电视上看到各国运动员在自己亲自参与设计的场馆中比赛，真正体会到了冬季两项这项运动的魅力；2023年，又看到冬季两项中心在赛后焕发新的活力，为当地的发展带来新的活力。这个过程让我和这个作品有一种非常紧密的联系，仿佛看着一个生命从诞生到成长的全过程。写这本书的过程中，我也亲自访谈了这个事件各角度的亲历者，过去的记忆也逐渐被激活、被丰富，不同背景的陌生人因为这个建筑而产生交集，共享一段美好的回忆。期待冬季两项中心的故事可以一直继续下去，让更多人在这里做梦、圆梦，孕育新的梦想
贾园	建筑师	作为设计人员，看到场馆能顺利完成重大体育赛事承办任务，感觉是职责范围内应该做的，而看到场馆在赛后能顺利转型融入公众生活才更觉得是一种表扬

本章参考文献：

[1] 澎湃新闻. 【冬奥有我】冬奥问"冀"：冬奥绿色场馆"绿"在何处？[EB/OL]. (2021-12-7). [2023-8-7]. https://www.thepaper.cn/newsDetail_forward_15738951.

[2] 新华网. 冬季两项原来这么火. [EB/OL]. (2022-2-19). [2023-8-7]. http://www.xinhuanet.com/2022/02/19/c_1211579278.htm.

结语

2015年7月31日，北京在国际奥委会第128次全会投票中击败阿拉木图，获得第二十四届冬奥会的举办权。2016年北京冬奥会张家口古杨树赛区的规划设计开始启动，2017年国家冬季两项中心规划设计的任务正式提上日程。当时我们刚完成中国第一历史档案馆新馆和石家庄国际会展中心的设计，处于透支"缺氧"状态，急需要"新鲜空气"修复一下脑细胞。遇到这样一个陌生的运动，设计团队兴奋且欣喜地开始了系统考察学习的过程，踏上了奔赴异国他乡的征程。

设计过程，是对冬奥赛事专业学习的过程。团队调研走访了德、瑞、法、意、奥、日、韩等国场馆拿到第一手资料；和国际专项组织专家们多次交流，了解多届冬奥会场馆运行的成败；和北京冬奥组委、地方政府、建设单位反复沟通，力争拿出限制条件下最贴切、最得体的设计方案。

设计过程，是对联合国《2030可持续发展指南》学习的过程。我们打造为所有人服务的雪场，突出雪道的多样性和包容性。根据联合国可持续目标体系按层次设置细分目标和策略，并在设计过程中逐一落实。国家冬季两项中心在2023年作为唯一的专业体育竞赛场馆案例入选国际建筑师协会《2030可持续发展目标指南》。

设计过程，也是对跨学科融合知识亲身入局学习的过程。从身边清华大学建筑学院牵头的"人工剖面赛道类场馆新型建造、维护与运营技术"科技成果和国家工程建设标准《绿色雪上运动场馆评价标准》DB11/T 1606到清华大学机械工程系为冬残奥运动员运动表现提升而研发的定制滑雪架，冬季两项场馆规划设计考虑的内容，从气象监控、人工造雪、电视转播、射击记分系统到OBS运行、志愿者服务、冬残奥转换等无所不包。

　　设计过程，也是对人文、地理知识再学习的过程。除了国家冬季两项中心延伸到明长城的热身赛道，我们还参与了太子城遗址公园9号基址（金章宗时期大殿）的规划设计工作。每次开车往返路过居庸关、八达岭、土木堡和宣化古城，山河险峻和历史壮阔交织是对建筑师的一次又一次洗礼。

　　如米哈里·契克森·米哈赖在《心流》中所说："幸福是你全身心地投入一桩事物，达到忘我的程度，并由此获得内心秩序和安宁时的状态。"国际冬季两项中心规划设计研究的5年时光，不可避免地重新唤起我们对科学的好奇、对生命的崇敬和对艺术的欣赏。在冬奥会结束一年后的时间里，我们重新走访冬季两项场馆，夏季山清水秀，人们欢歌笑语；冬季雪原漫舞，孩童嬉戏打闹。我们相信，这座场馆，将会如冬奥会一样，在人们心中留下长久的记忆。这座场馆，也将和场馆群的奥运遗产一起，长久地陪伴着崇礼的山、崇礼的四季。

致谢

感谢清华大学庄惟敏院士对设计研究工作的指导。庄院士是历史上既主持过夏季奥运会射击场馆又主持过冬季奥运会射击场馆的第一人，在面对问题和困难时，庄院士总是能给我们以启示并指明方向。感谢张利教授和简盟工作室的同事，为古杨树赛区做了大量工作，这是我们工作的基础。

感谢冬奥组委规划建设部和体育部等部门的技术官员，感谢冬奥组委聘请的专家马克思·森格（Max Saeger）、雷恩·阿贝代尔（Len Apedaile），我们进行了大量关于冬季两项赛道设计和核心区设计相关的讨论。感谢北京交通大学郑方教授提供部分奥运场馆资料。

感谢清华大学冬奥团队的建筑师张红、龚佳振、李向苁、黄海阳、雷思雨等，设计过程中反复讨论、整理思路并一起绘制蓝图。感谢建筑师陈嘉晖等为本书绘制部分插图。感谢清华大学建筑设计研究院结构、给水排水、暖通、电气、智能化、照明等多专业同行的紧密合作，还有清华大学冬奥规划、景观等团队的配合。感谢北京城建设计发展集团在市政工作中的配合。

感谢建设单位张家口奥体建设开发有限公司、施工单位中铁建工集团有限公司、监理单位江苏银佳工程咨询有限公司、赛后运营单位张家口全季美嘉体育发展有限责任公司等相关单位提供资料。感谢北京冬奥组委工作人员以及赛事志愿者接受访谈并提供相关赛事照片。

感谢国家重点研发计划项目"大型建筑工程前策划—后评估智能化关键技术"（2022YFC3801300），国家自然科学基金项目"前策划—后评估导向的大型公建空间综合效能评估与设计优化方法研究"（51978359）和北京市科协卓越工程师成长计划的资助。

最后感谢家人们的支持。